普通高等教育计算机系列规划教材

计算机基础项目教程

（Windows 7 + Office 2007）

主　编　李晓茹

副主编　陈玉亭

参　编　李　强　张学超　王玉华

　　　　姜艳丽　崔艳敏　袁福华

　　　　吴　楠

电子工业出版社

Publishing House of Electronics Industry

北京·BEIJING

内 容 简 介

本书立足于计算机教学改革的实际需要，结合中高职学生的学习能力，以项目为导向，以任务为引领，教、学、做合一。全书共分为五个模块：模块一 Windows 7 概述，介绍计算机系统操作与管理；模块二 Word 2007 应用篇，介绍编辑、整理文档的基础操作和高级操作；模块三 Excel 2007 应用篇，介绍编辑、统计、分析数据资料的基础操作和高级操作；模块四 PowerPoint 2007 应用篇，介绍演示报告的制作与展示；模块五联合办公，介绍办公软件的联合操作。

书中案例来自实际工作岗位，注重培养学生的实用技能，即学即用，同时兼顾了全国高新技术统一考试，突出职业能力的培养。

本书可作为中高职院校和各类计算机教育培训机构的专用教材，也可供广大初、中级电脑爱好者自学使用。

图书在版编目（CIP）数据

计算机基础项目教程：Windows 7+Office 2007 / 李晓茹主编．—北京：电子工业出版社，2016.2

ISBN 978-7-121-27727-6

Ⅰ．①计… Ⅱ．①李… Ⅲ．①Windows 操作系统－职业教育－教材②办公自动化－应用软件－职业教育－教材 Ⅳ．①TP316.7②TP317.1

中国版本图书馆 CIP 数据核字（2015）第 287159 号

策划编辑：程超群

责任编辑：郝黎明

印　　刷：北京虎彩文化传播有限公司

装　　订：北京虎彩文化传播有限公司

出版发行：电子工业出版社

　　　　　北京市海淀区万寿路 173 信箱　邮编　100036

开　　本：787×1 092　1/16　印张：17　字数：435.2 千字

版　　次：2016 年 2 月第 1 版

印　　次：2018 年 8 月第 4 次印刷

定　　价：39.00 元

凡所购买电子工业出版社图书有缺损问题，请向购买书店调换。若书店售缺，请与本社发行部联系，联系及邮购电话：（010）88254888，88258888。

质量投诉请发邮件至 zlts@phei.com.cn，盗版侵权举报请发邮件至 dbqq@phei.com.cn。

本书咨询联系方式：（010）88254577，ccq@phei.com.cn。

前　言

本书是在不断总结高职高专教学实践经验的基础上，以技能应用为切入点，以完成工作项目流程为主线，以培养职业能力为目标，讲解 Windows 7 与 Office 2007 的典型应用和综合应用。

全书共分为五个模块：模块一 Windows 7 概述，介绍计算机系统操作与管理；模块二 Word 2007 应用篇，介绍编辑、整理文档的基础操作和高级操作；模块三 Excel 2007 应用篇，介绍编辑、统计、分析数据资料的基础操作和高级操作；模块四 PowerPoint 2007 应用篇，介绍演示报告的制作与展示；模块五联合办公，介绍办公软件的联合操作。

本书具有如下特点：

（1）体现行业特点。在实际工作岗位中，不同行业对计算机的能力要求是不同的，而现行计算机应用基础教材往往忽视了行业需求的差别，缺乏行业针对性。本书的编写融会了机电、化工、医药卫生、财经、旅游等行业的典型工作项目，突出了行业特色，学习者可根据自身的专业有选择地学习。

（2）面向工作过程。本教材编写经过了深入调研，充分结合工作岗位实际需要，分析、归纳出在工作过程中的典型工作任务，以工作任务为载体，将计算机基础课程内容设计成有代表性的典型工作项目，将学习过程和工作流程相融合。

（3）融入技术等级考试的考点。与国家高新技术考试（办公模块）的内容相结合，将中、高级考试考点融入到每个工作项目中，在完成项目的同时掌握了考证的知识点，课程结束后学生即可参加 OSTA 考试。

（4）贯彻"教、学、做"统一。教材的编写充分考虑学生的学习能力，遵循学生的认知规律和兴趣点，工作项目由易到难，由简单到综合，以任务为引领，能调动学生的学习积极性，在完成项目过程中，教师引导学生分析项目，学生主动探求、自主训练，做到"教、学、做"的统一。

（5）配套资源丰富。书中项目、课后实训均提供电子素材和制作完成效果文件，以上资源可登录华信教育资源网（www.hxedu.com.cn）免费获取。

本书由李晓茹老师担任主编，陈玉亭老师担任副主编，参与本书编写的老师还有李强、张学超、王玉华、崔艳敏、姜艳丽、袁福华、吴楠，全书由李晓茹老师负责统稿。

本书内容汇集了几位编者多年的教学实践和研究成果，由于水平有限，书中难免有不妥之处，恳请读者批评指正。

编　者

目　录

模块一　Windows 7 概述

【工作情境】

在现代化的企业中，计算机是一种基本的工作工具。王红应聘企业从事文员职位，主要负责的工作是：文件资料的管理，文档资料的整理、归档，在局域网收集、发布公司内部管理信息，在互联网查找信息、收发邮件以及与他人交流。Windows 7 操作系统是计算机系统资源的管理者，网络是现代企业的重要工作环境，如果不熟悉计算机的资源管理方式和网络技术，就很难发挥计算机在办公处理中的作用。因此，系统操作与管理能力，信息检索与交流能力是计算机用户必备的技能。

项目 1.1　Windows 7 的安装

【技能目标】

通过本项目的学习，学生应了解 Windows 7 的不同版本，以及安装 Windows 7 需要的硬件配置，能够熟练掌握 Windows 7 操作系统的安装方法。

任务 1.1.1　识别 Windows 7 的不同版本

● 简易版

英文名：Windows 7 Starter。

可用范围：仅在新兴市场投放（发达国家中澳大利亚在部分上网本中有预装），仅安装在原始设备制造商的特定机器上，并限于某些特殊类型的硬件。

● 家庭普通版

英文名：Windows 7 Home Basic。

可用范围：仅在新兴市场投放（不包括发达国家）。大部分在笔记本电脑或品牌电脑上预装此版本。

● 家庭高级版

英文名：Windows 7 Home Premium。

可用范围：世界各地。

● 专业版

英文名：Windows 7 Professional。

可用范围：世界各地。

● 企业版

英文名：Windows 7 Enterprise。

可用范围：必须要在开放或正版化协议的基础上加购 SA（软件保障协议）才能被许可使用。

● 旗舰版

英文名：Windows 7 Ultimate。

可用范围：世界各地。

任务 1.1.2　微型计算机的硬件配置

推荐配置如表 1-1.1 所示。

表 1-1.1 安装 Windows 7 的硬件推荐配置

设 备 名 称	推 荐 配 置	备 注		
CPU	2GHz 及以上的 32 位或 64 位多核处理器	Windows 7 包括 32 位及 64 位两种版本。安装 64 位操作系统必须使用 64 位处理器，兼容情况如下。		
			32 位处理器	64 位处理器
		安装 32 位系统	允许	允许
		安装 64 位系统	不允许	允许
内存	2GB 及以上	最低允许 1GB		
硬盘	200GB 以上可用空间			
显卡	有 WDDM 1.0 驱动的支持 DirectX 9 以上级别的独立显卡			
其他设备	DVD R/RW 驱动器或者 U 盘等其他储存介质	安装时用		
	Internet 连接/电话	需在线激活或电话激活		

任务 1.1.3　Windows 7 操作系统的安装

【图示步骤】

首先要确定你的电脑已经准备好并满足最基本的配置，接下来是选择安装的版本，本任务选择的是 Windows 7 旗舰版。

Windows 7 旗舰版的安装相对于以前的操作系统简单了很多。

Step 1　将安装光盘放入光驱中，进行安装。如图 1-1.1 所示为 Windows 7 旗舰版安装的初始画面。

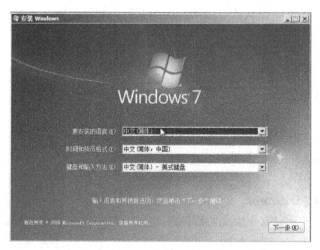

图 1-1.1　Windows 7 旗舰版安装的初始画面

Step 2　选择好语言后，单击"下一步"按钮，出现如图 1-1.2 所示的画面。

Step 3　单击图 1-1.2 中的"现在安装"按钮，出现如图 1-1.3 所示的画面。

稍后出现如图 1-1.4 所示的"安装类型选择"界面。Windows 7 旗舰版有两种安装方式："升级"和"自定义"。如果原来的系统是 Windows XP 或者还没有安装操作系统的话，都只能选择"自定义"安装。

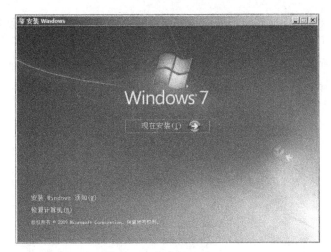

图 1-1.2 安装 Windows 7

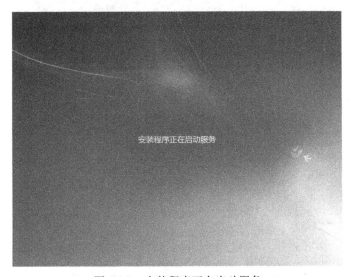

图 1-1.3 安装程序正在启动服务

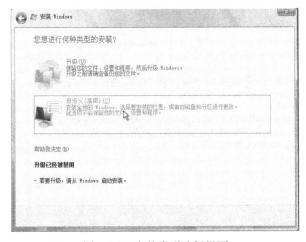

图 1-1.4 安装类型选择界面

Step 4 单击"自定义"安装后，进入"您想将 Windows 安装在何处"界面，如图 1-1.5 所示，选择你想安装 Windows 7 的盘符，单击"驱动器选项（高级）"按钮。

此时在对话框下方将出现刷新、删除、格式化、新建、加载驱动程序及扩展等多个按钮，如图 1-1.6 所示。

Step 5　单击"新建"按钮，在"大小"输入框中输入系统分区的大小（这里输入 30GB），然后单击"应用"按钮，创建一个磁盘分区。此时的对话框中，分区列表中已经显示了新创建的系统分区，如图 1-1.7 所示。

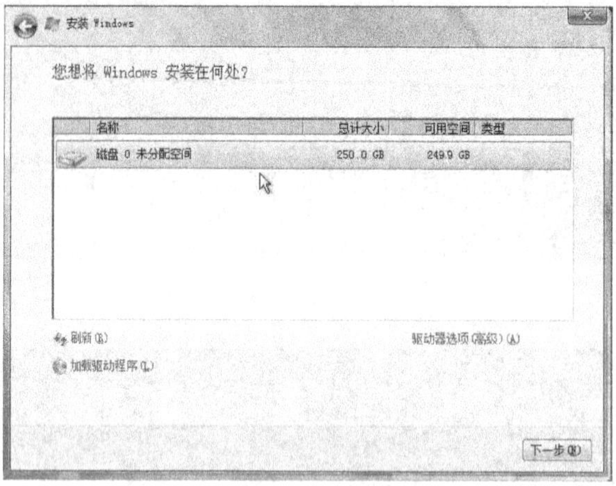

图 1-1.5　选择安装盘符

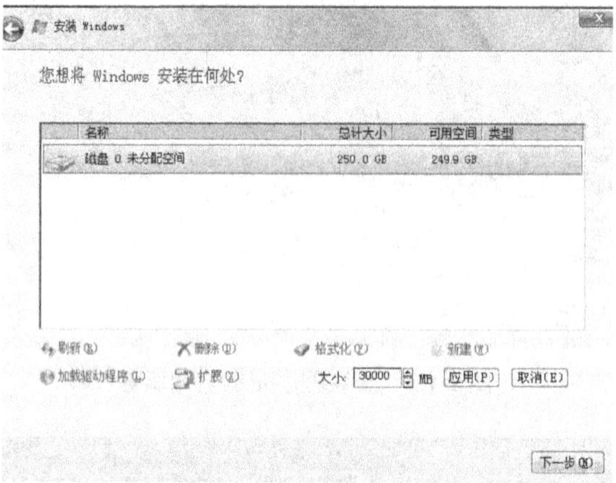

图 1-1.6　驱动器选项

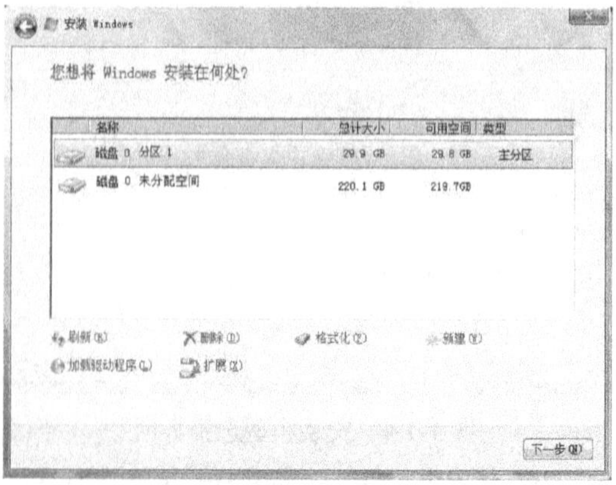

图 1-1.7　新创建的系统分区

【相关知识】 在 Windows 7 安装程序中，硬盘只能创建主分区，而且最多只能创建 3 个分区。如果要创建更多分区，就需要借助硬盘分区工具实现。

Step 6 在图 1-1.7 中单击"下一步"按钮，继续进行系统安装。

Step 7 主分区创建成功后，将进行复制文件操作，文件复制操作是由安装程序自动完成的，在此过程中，无须进行任何操作，只需等待，如图 1-1.8 所示。

图 1-1.8 安装程序正在安装

等待几分钟，直到 Windows 7 完成"复制 Windows 文件"、"展开 Windows 文件"、"安装功能"、"安装更新"等几个过程，电脑将进入第一次重启。

第一次重启后，将显示"安装程序正在启动"服务界面，如图 1-1.9 所示。

图 1-1.9 安装程序正在启动

接着，将进入第二次重启，如图 1-1.10 所示。

第二次重启后，安装程序将为首次使用计算机做准备，如图 1-1.11 所示。

接下来安装程序将检查视频特性，如图 1-1.12 所示。

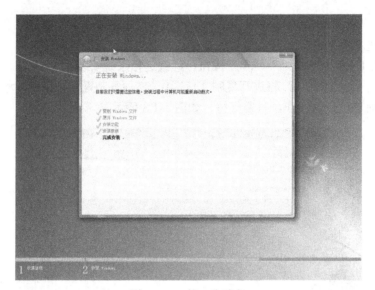

图 1-1.10　第二次重启

图 1-1.11　安装程序正在为首次使用计算机做准备

图 1-1.12　检查视频性能

Step 8　检查完视频特性后，将进入"设置 Windows"界面，如图 1-1.13 所示，输入用户名和计算机名，单击"下一步"按钮。

图 1-1.13 设置 Windows

Step 9 进入"为账户设置密码"界面，如图 1-1.14 所示，此步骤可以跳过，系统安装完成后再进行设置。

图 1-1.14 设置账户密码

Step 10 下面将进入最重要的一步——输入产品密钥。Windows 7 旗舰版的产品密钥在包装盒的一侧，单击如图 1-1.15 所示位置输入产品密钥。

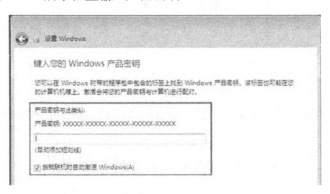

图 1-1.15 输入产品密钥

Step 11 输入完产品密钥后，进入"帮助自动保护 Windows"界面，因为是正版的 Windows

7 旗舰版，所以选择"使用推荐设置"这一项，如图 1-1.16 所示，Windows 7 可以及时更新，更有利于保护我们的电脑不受木马、病毒的侵害。

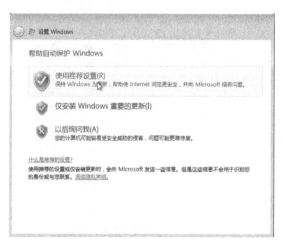

图 1-1.16　系统自动保护设置

Step 12　进入"复查时间和日期设置"界面，如图 1-1.17 所示，如果计算机的时间和日期是准确的，可直接单击"下一步"按钮。

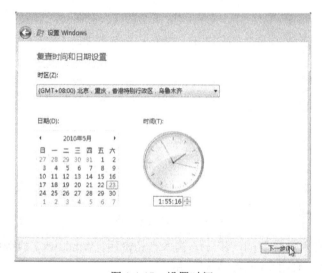

图 1-1.17　设置时间

以上设置完毕后，计算机将再次重启。然后自动进入系统桌面，用户就可以使用 Windows 7 操作系统了。

项目小结

本项目使学生了解当前使用计算机的基本配置，掌握安装操作系统的方法，能对硬盘进行分区和格式化。

项目 1.2　Windows 7 的基本操作

【技能目标】

通过本项目的学习，学生应熟练掌握 Windows 7 的基本操作，包括鼠标右键菜单操作、设置主题的方法和步骤、桌面小工具的基本使用方法，熟练掌握"开始"菜单、任务栏、资源管理器的基本操作。

任务 1.2.1 桌面

活动 1 鼠标右键快捷菜单操作
【相关知识】

在桌面上单击鼠标右键（右击），弹出如图 1-2.1 所示的快捷菜单。

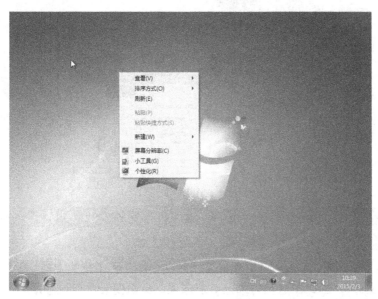

图 1-2.1 右键快捷菜单

在右键快捷菜单中，关于桌面的一些功能被更加直观地添加到其中，屏幕分辨率的调整和桌面个性化选项，便于容易地找到这些设置，随时对桌面外观进行更改。

单击"屏幕分辨率"，便可直接到达设置屏幕分辨率的控制面板选项中，并可通过拖动滑动条来改变当前桌面的分辨率设置等，如图 1-2.2 所示。

图 1-2.2 设置屏幕分辨率

在默认的状态下，Windows 7 安装之后桌面上只保留了回收站的图标。出现桌面上的"我的电脑"、"我的文档"图标的方法：在右键快捷菜单中单击"个性化"选项，然后在弹出的设置窗口中单击左侧的"更改桌面图标"选项，如图 1-2.3 所示。

图 1-2.3 "个性化"窗口

在 Windows 7 中，原 Windows XP 系统下"我的电脑"和"我的文档"已相应改名为"计算机"和"用户的文件"，因此在这里勾选上对应选项，桌面便会重现这些图标，如图 1-2.4 所示。

图 1-2.4 "桌面图标设置"对话框

在桌面上尝试一下 Windows 7 的 128×128 大图标效果，在桌面上右击，在弹出的快捷菜单中依次选"查看"→"大图标"命令，如图 1-2.5 所示。

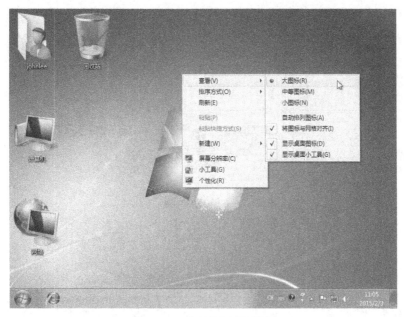

图 1-2.5　"查看"图标设置

活动 2　设置主题的方法

【相关知识】

Aero 为四个英文单词的首字母缩略字：Authentic（真实）、Energetic（动感）、Reflective（反射）及 Open（开阔）。意为 Aero 界面是具立体感、令人震撼，具透视感和阔大的用户界面。除了透明的接口外，Windows Aero 也包含了实时缩略图、实时动画等窗口特效，吸引用户的目光。要对 Windows 7 的外观进行设置，最便捷的方法就是在桌面上右击，然后选择菜单项中的"个性化"选项，如图 1-2.6 所示。

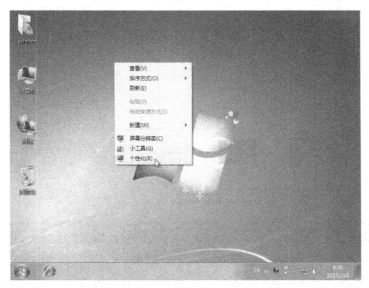

图 1-2.6　"个性化"设置

在"个性化"设置窗口中，我们可以看到一些自带的 Aero 主题，点选其中的任何一个即可预览效果——包括桌面背景、窗口颜色、声音都会有所变化（当然，如果要看到最完美的效果，你的显卡必须支持 Aero 特效）。你可以预览每组 Windows 7 自带的主题，如图 1-2.7 所示。

图 1-2.7　Aero 主题

　　单击界面右上方的"联机获取更多主题"即可联网到 Windows 7 的官方网站,在此网站可搜罗更多精彩主题,如"Danube sunsets by Alina Serban",所下载的主题都会显示在"我的主题"中,如图 1-2.8 所示。

图 1-2.8　下载的主题

　　返回桌面,在桌面上再次右击,在弹出的快捷菜单中你可以看见"下一张桌面背景图"的选项,试着单击它你会发现桌面背景自动更换了!如图 1-2.9 所示。

　　在"个性化"设置窗口里,选中一个主题后单击"桌面背景"选项,如图 1-2.10 所示。

图 1-2.9　"下一个桌面背景"选项

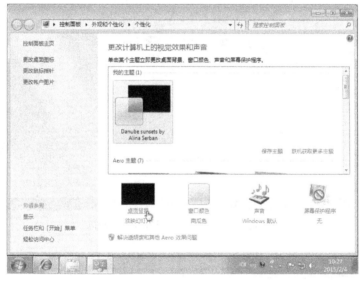

图 1-2.10　"桌面背景"选项

　　我们可以看到该主题所包含的桌面背景图。在此，你可以选择显示哪些背景图，以及设置图片位置、图片变换频率等，如图 1-2.11 所示。

　　如同桌面背景图一样，窗口颜色也可以进行更丰富的自定义设置。单击"个性化"设置窗口中的"窗口颜色"按钮，进入到"窗口颜色和外观"设置，在此我们就可以选择各种不同的颜色组合，并可以调节颜色浓度。所有的调节设置都可以实时看到效果预览，如图 1-2.12 所示。

　　还可以单击"显示颜色混合器"下拉按钮，然后通过色调、色度和亮度等的调节来混合出新的窗口颜色效果组合，如图 1-2.13 所示。

　　除了这些设置外，Windows 系统的声音、屏幕保护程序都可以进行自定义的设置，方法则与 Windows XP 系统相类似，此处不再赘述，如图 1-2.14 和图 1-2.15 所示。

图 1-2.11　桌面背景设置

图 1-2.12　"窗口颜色和外观"设置

图 1-2.13　新的窗口颜色效果组合

图 1-2.14　声音设置

图 1-2.15　屏幕保护程序设置

活动 3　桌面小工具的基本使用方法

【相关知识】

在桌面上右击，在弹出的快捷菜单中选择"小工具"选项，即可打开小工具的管理界面，如图 1-2.16 所示。

在小工具的管理界面中，可以看到 Windows 7 自带的几个小工具，如图 1-2.17 所示。

选中某个小工具后，我们可以单击"显示详细信息"来查看该工具的具体信息，获悉它的用途、版本、版权等，如图 1-2.18 所示。

选定工具后就可以把它放置到桌面上了，方法有两种：

● 直接拖动到桌面上，如图 1-2.19 所示。

● 右击，在弹出的快捷菜单中选择"添加"选项，如图 1-2.20 所示。

图 1-2.16 "小工具"选项

图 1-2.17 小工具管理界面

图 1-2.18 查看小工具的具体信息

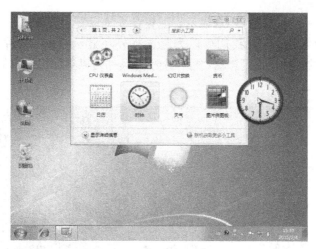

图 1-2.19　直接拖动移动工具

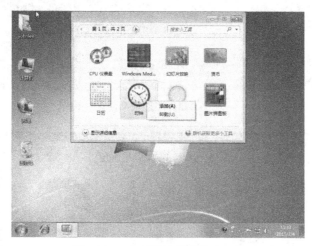

图 1-2.20　右键快捷菜单移动工具

　　可以随意拖动自己喜欢的小工具到桌面上，同时还可以对小工具的显示模式进行设置，通过不透明度等的调整让其与桌面背景可以更好地匹配。调整不透明度的方法很简单，在显示在桌面的小工具上右击，然后设置不透明度，20%、40%或60%，如图1-2.21所示。

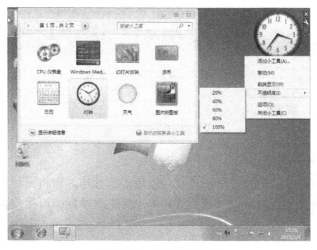

图 1-2.21　设置不透明度

对于部分小工具，还可以进行外观显示、配置参数等设置。自带的小工具"时钟"，在"选项"设置中（如图 1-2.22 所示），我们可以为其选择外观显示效果、时钟名称、时区设置等，如图 1-2.23 所示；通过各种设置调整后，每一个小工具都可以更加符合你的喜好，更匹配桌面的整体风格。

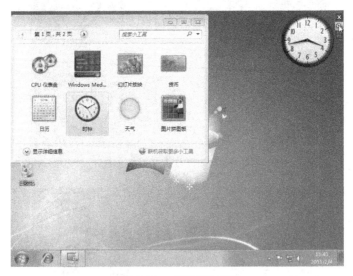

图 1-2.22　"选项"设置

图 1-2.23　设置"时钟"参数

任务 1.2.2　"开始"菜单

【相关知识】

Window 7 的"开始"菜单如图 1-2.24 所示。

单击"开始"按钮，可以看到这里记录着最近运行的程序，而将鼠标移动到某个程序上，即可在右侧显示使用该程序最近打开的文档列表，单击其中的项目即可用该程序快速打开相应的文件。

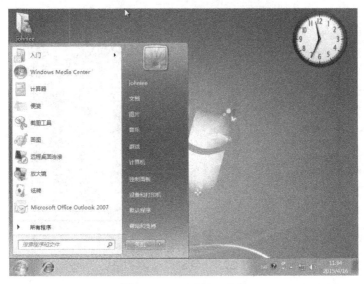

图 1-2.24 "开始"菜单

在"开始"菜单中,最近运行的程序列表是会变化的,而如果有一些经常使用的程序,我们也可以将其固定在开始菜单上。方法很简单:在程序上右击,在弹出的快捷菜单中选择"附到「开始」菜单"即可,如图 1-2.25 所示。完成之后,这个程序的图标就会显示在开始菜单的顶端区域。

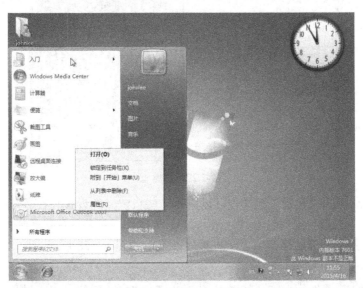

图 1-2.25 "附到「开始」菜单"选项

单击"所有程序"选项,Windows 7 开始菜单的程序列表直接将所有内容置放到"开始"菜单中,通过单击下方的"所有程序"来进行切换。

在整个开始菜单显示中,"关机"按钮通过右侧的扩展按钮图,快速让计算机重启、注销、进入睡眠状态,同时也可以进入到 Windows 7 的"锁定"状态,以便在临时离开计算机时,保护个人的信息,如图 1-2.26 所示。

在"开始"菜单下方的搜索框中依次输入"i""n""t"这时你会发现"开始"面板中会显示出相关的程序、控制面板项以及文件,且搜索速度也颇令人满意,如图 1-2.27 所示。

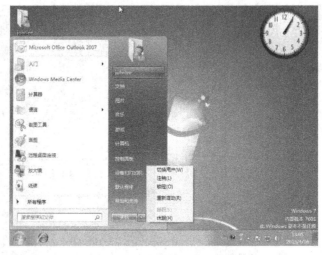

图 1-2.26 "关机"扩展按钮

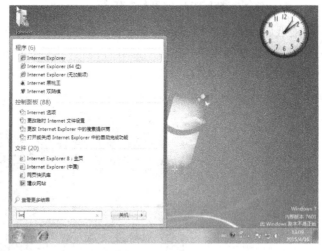

图 1-2.27 搜索框

当然，Windows 7 的"开始"菜单也可以进行一些自定义的设置。在"开始"菜单上右击，在弹出的快捷菜单中选择"属性"选项，进入设置界面后，在这个界面上单击"自定义"选项，我们还可以看到一系列的开始菜单项显示方式的设置，如图 1-2.28 所示。

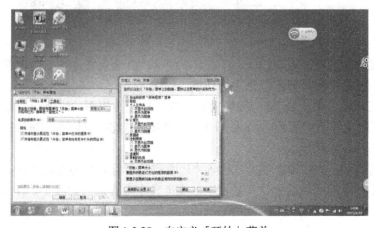

图 1-2.28 自定义「开始」菜单

如我们将"计算机"设置为"显示为菜单"后，返回"开始"菜单中，发现此时"计算机"选项后多了二级菜单，可以直接进入各个分区，如图1-2.29所示。

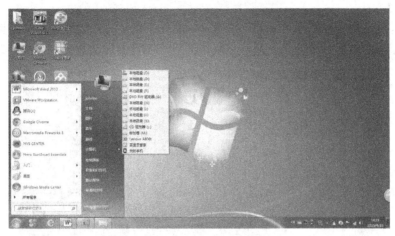

图1-2.29 "计算机"二级菜单

在"自定义「开始」菜单"对话框中，将滚动条拉到最下方，我们可以看到"运行命令"的选项，勾选后即可在"开始"菜单中重现"运行"选项了，如图1-2.30和图1-2.31所示。

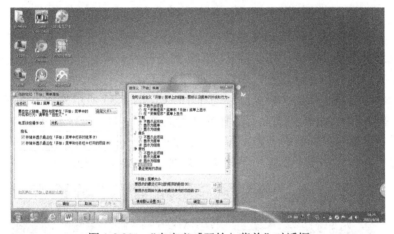

图1-2.30 "自定义「开始」菜单"对话框

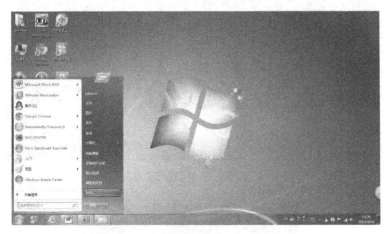

图1-2.31 "开始"菜单"运行"选项

任务 1.2.3　任务栏

【相关知识】

在布局上，从左到右分别为"开始"按钮、活动任务以及通知区域（系统托盘）。Windows 7 将快速启动按钮与活动任务结合在一起，它们之间没有明显的区域划分，如图 1-2.32 所示。

图 1-2.32　任务栏

Windows 7 默认会分组相似活动任务按钮，如我们已经打开了多个 Word 文档窗口，那么在任务栏中只会显示一个活动任务按钮，将鼠标移动到任务栏上的活动任务按钮上稍微停留，便可以方便预览各个窗口内容，并进行窗口切换，如图 1-2.33 所示。

正在运行的活动任务窗口的图标是凸起的样子（如图 1-2.33 所示的资源管理器和 Word 文档的图标），而普通的快速启动按钮则没有这样的凸起效果（如图 1-2.33 所示的 IE 浏览器）；而如果像上面的资源管理器那样同时打开多个窗口，那么活动任务按钮也会有所不同：按钮右侧会出现层叠的边框进行标识（如图 1-2.34 所示的资源管理器与 Word 文档的图标）。

图 1-2.33　窗口预览

图 1-2.34　快速启动按钮

对于 Windows 7 的"JumpLists"新功能，可以为每个程序提供快捷打开功能，就像"我最近的文档"的功能，我们只要右击任务栏中的图标即可使用这个功能了，如图 1-2.35 所示。

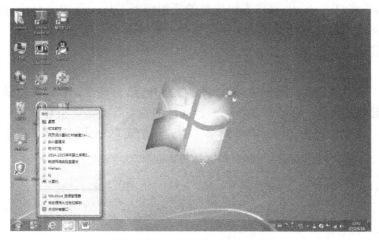

图 1-2.35 "JumpLists"功能

Windows 7 任务栏的通知区域（即系统托盘区域）有一点点小的改变：默认状态下，大部分的图标都是隐藏的，如果要让某个图标始终显示，只要单击通知区域的倒三角按钮，然后选择"自定义"选项如图 1-2.36 所示，然后在弹出的窗口中找到要设置的图标，在下拉列表中选择"显示图标和通知"选项即可，如图 1-2.37 所示。

图 1-2.36 "自定义"选项

图 1-2.37 设置图标

任务 1.2.4　资源管理器

"资源管理器"是 Windows 操作系统提供的资源管理工具，是 Windows 的精华功能之一。我们可以通过资源管理器查看计算机上的所有资源，能够清晰、直观地对计算机上形形色色的文件和文件夹进行管理。

【相关知识】

在 Windows 7 资源管理器左边列表区，如图 1-2.38 所示，将整个计算机的资源划分为四大类：收藏夹、库、计算机和网络。在收藏夹下"最近访问的位置"中可以查看到我们最近打开过的文件和系统功能，方便我们再次使用；在"网络"中，我们可以在此快速组织和访问网络资源。

图 1-2.38　资源管理器

Windows 7 资源管理器的地址栏采用了叫做"面包屑"的导航功能，如果你要复制当前的地址，只要在地址栏空白处单击，即可让地址栏以传统的方式显示，如图 1-2.39 所示。

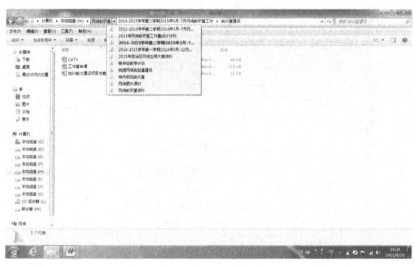

图 1-2.39　地址栏

在菜单栏方面，Windows 7 的组织方式被直接作为顶级菜单置于菜单栏上，如刻录、新建文件夹功能，如图 1-2.40 所示。

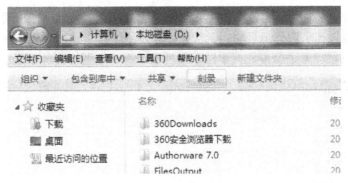

图 1-2.40　菜单栏

Windows 7 不再显示工具栏，一些有必要保留的按钮则与菜单栏放置在同一行中。如视图模式的设置，单击按钮后即可打开调节菜单，在多种模式之间进行调整，包括 Windows 7 特色的大图标、超大图标等模式，如图 1-2.41～图 1-2.43 所示。

图 1-2.41　更多选项

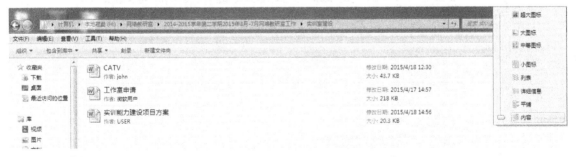

图 1-2.42　文件显示方式"内容"模式

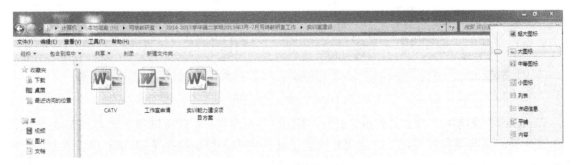

图 1-2.43　"大图标"模式

在地址栏的右侧，我们可以再次看到 Windows 7 无处不在的搜索。在搜索框中输入搜索关键词后回车，立刻就可以在资源管理器中得到搜索结果，不仅搜索速度令人满意，且搜索过程的界面表现也很出色，包括搜索进度条、搜索结果条目显示等，如图 1-2.44 所示。

图 1-2.44　搜索框

搜索的下拉菜单会根据搜索历史显示自动完成的功能，此外支持两种搜索过滤条件，单击后即可进行设置，使用起来比以前更加人性化，如图 1-2.45 所示。

图 1-2.45　搜索下拉菜单

Windows 7 系统中添加了很多预览效果，不仅可以预览图片，还可以预览文本、Word 文件、字体文件等，这些预览效果可以方便用户快速了解其内容。按快捷键【Alt+P】或者单击菜单栏中的按钮，如图 1-2.46 所示，即可隐藏或显示预览窗口。

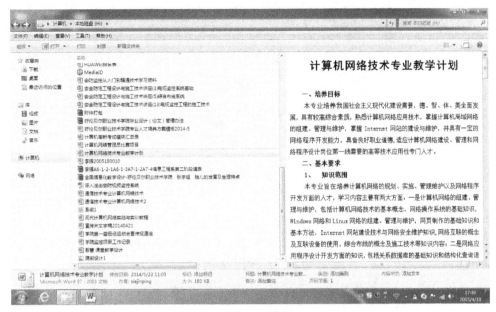

图 1-2.46 预览窗口

项目小结

本项目使学生能掌握 Windows 7 操作系统的基本使用方法，能创建富有个性的操作系统界面。

项目 1.3 连接网络

【技能目标】

通过本项目的学习，学生应熟练掌握 Windows 7 操作系统下的网络连接的设置。

任务 1.3.1 有线网络连接

在 Windows 7 中，网络的连接变得更加容易、更易于操作，它将几乎所有与网络相关的向导和控制程序聚合在"网络和共享中心"中，通过可视化的视图和单站式命令，我们便可以轻松连接到网络。

活动 有线网络的连接方法

【图示步骤】

Step 1 从"开始"菜单进入控制面板后，依次选择"网络和 Internet"→"网络和共享中心"→"查看网络状态和任务"，我们可看到带着可视化视图的界面。在这个界面中，我们可以通过形象化的映射图了解到自己的网络状况，当然更重要的是在这里可以进行各种网络相关的设置，如图 1-3.1～图 1-3.4 所示。

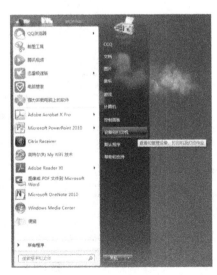

图 1-3.1 "开始"菜单

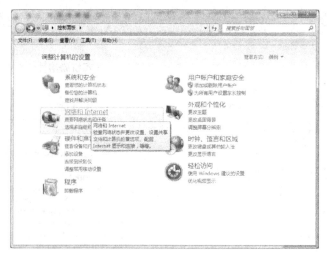

图 1-3.2　网络和 Internet

图 1-3.3　网络和共享中心

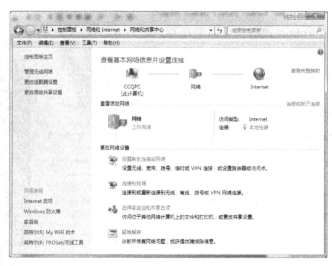

图 1-3.4　"查看网络状态和任务"界面

Step 2 在安装 Windows 7 时，会自动将网络协议等配置妥当，基本不需要我们手工介入，因此一般情况下我们只要把网线插入接口即可，至多就是多一个拨号验证身份的步骤。那么在 Windows 7 中如何建立拨号呢？同样是在"网络和共享中心"界面上，单击"更改网络设置"中的"设置新的连接和网络"，然后在"设置连接或网络"界面中单击"连接到 Internet"选项，如图 1-3.5～图 1-3.7 所示。

Step 3 接下来依据用户的网络类型，很容易即可完成剩下的步骤。一般情况下多为小区宽带或者 ADSL 用户，选择"宽带（PPPoE）"，然后输入用户名和密码即可，如图 1-3.8 和图 1-3.9 所示。

Step 4 Windows 7 默认是将本地连接设置为自动获取网络连接的 IP 地址，一般情况下我们使用 ADSL 或路由器等都无需修改。但是，如果确实需要另行指定，则通过以下方法：单击"网络和共享中心"→"查看网络状态和任务"→"本地连接"命令，弹出"本地连接状态"对话框；然后单击"属性"按钮，弹出我们熟悉的"本地连接属性"对话框，双击"Internet 协议版本 4"便可以设置指定的 IP 地址了，如图 1-3.10～图 1-3.13 所示。

图 1-3.5 "更改网络设置"选项组

图 1-3.6 "设置连接网络"界面

图 1-3.7 "连接到 Internet"界面

图 1-3.8 选择"宽带（PPPoE）"选项

图 1-3.9 输入用户名和密码

图 1-3.10 网络和共享中心

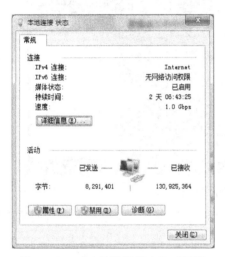

图 1-3.11 "本地连接状态"对话框

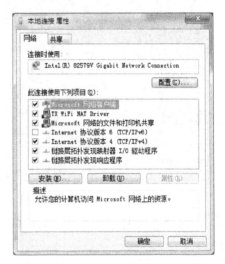

图 1-3.12 "本地连接属性"对话框

图 1-3.13 设置 IP 地址

任务 1.3.2　无线网络连接

活动　无线网络的设置方法

【图示步骤】

Step 1　启用无线网卡后，单击系统任务栏托盘区域的网络连接图标，系统会自动搜索附近的无线网络信号，所有搜索到的可用无线网络就会显示在上方的小窗口中。每一个无线网络信号都会显示信号强度，而如果将鼠标移动到指定信号上时，还可以查看更具体的信息，如名称、强度、安全类型等，如果某个网络是未加密的，则会多一个带有感叹号的安全提醒标志，如图 1-3.14 所示。

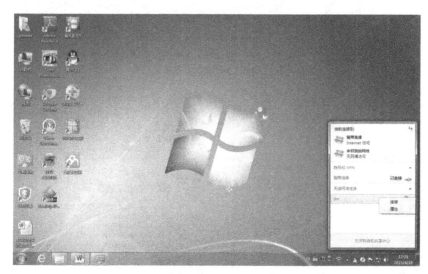

图 1-3.14　无线网络信号

Step 2　点选要连接的无线网络，然后单击"连接"按钮，完成输入密码的步骤即可，如图 1-3.15 所示。

图 1-3.15　连接无线网络

Step 3　当无线网络连接上后，我们再次在任务栏托盘上单击网络连接图标，可以看到"当前连接到"区域中出现了刚才选择的无线网络。再次点选，即可断开连接。

项目小结

本项目使学生掌握在 Windows 7 操作系统下连接网络的方法。

项目 1.4　库

【技能目标】

通过本项目的学习，学生应熟练掌握创建库的方法，并理解库的作用。

活动　创建库

【图示步骤】

Step 1　在资源管理器左侧窗格中单击"库"文件夹，然后在右侧的浏览区域右击，在弹出的快捷菜单中依次选择"新建"→"库"命令，输入库的名称后即成功创建自己的新库。双击进入新建的库，可以立即设置这个库所包括的文件夹，单击界面上的按钮即可将你所希望导入的文件夹包含进来，如图 1-4.1 和图 1-4.2 所示。

图 1-4.1　"库"文件夹

图 1-4.2　右键快捷菜单

Step 2　随时可以打开库的属性窗口，在其中对库的类别进行优化选择，也可以在此再次设置库所包含的文件夹，向其中同时添加多个存储在各个分区中的文件夹，如图 1-4.3 所示。

图 1-4.3　优化库

Step 3 我们将库的名称和类别分别设置为"新建库"和"音乐",并导入了硬盘 K 分区中"My Music"包含音乐资源的文件夹。此时,在左侧的库列表中,我们可以看到新建的库及导入的文件夹列表,所有的层级关系以树状显示,一目了然。我们可以单击其中的节点来查看其中的文件,这样硬盘上不同位置的文件夹和文件都可以放一起,统一管理了。在右侧的文件列表中,我们可以看到每个文件的简要信息;在这里因为我们将库的类别设置为音乐,而且也确定为歌曲文件,因此可以看到诸如"参与创作的艺术家""唱片集"等信息,如图 1-4.4 所示。

图 1-4.4 "新建库"库窗口

Step 4 选中某首歌曲后,我们可以在下方看到更多的歌曲信息,通过用鼠标拖拉改变下方区域的大小,可以呈现出更为详细的歌曲信息,还可以直接再次编辑歌曲的 ID3 信息,如图 1-4.5所示。

图 1-4.5 编辑歌曲的 ID3 信息

Step 5 库对于文件的管理功能远不止如此。单击界面右上方的"排序方式"选项，我们可以依照艺术家、唱片集、流派等进行分类显示。经过分类显示后，文件列表的呈现方式一定会令你的管理操作更加便捷、舒畅！如图 1-4.6 所示。

图 1-4.6 对文件进行分类

库的优势就在于此：可以将分散在硬盘各个分区的资源统一进行管理，无需在多个资源管理器窗口中来回切换，更加无需翻箱倒柜地寻找资源，而且对于音乐、视频、图片这类资源的管理更显著，可以依据各种信息分类。

Step 6 在库中我们同样可以使用 Windows 7 强大的搜索功能对其下的资源进行查找，只需在搜索框中输入关键词，并设置合适的过滤条件后即可立即呈现结果，如图 1-4.7 所示。

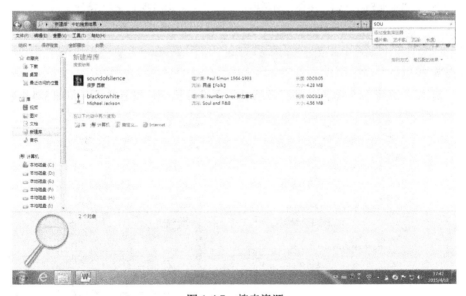

图 1-4.7 搜索资源

项目小结

本项目使学生掌握"库"建立和使用的方法，理解库的应用意义。

项目 1.5   磁盘检查与整理

【技能目标】

通过本项目的学习，学生应熟练掌握 Windows 7 中的磁盘检查与整理。

任务 1.5.1   清理磁盘

【图示步骤】

Step 1   在任意一个磁盘分区图标上右击并选择"属性"命令，打开"本地磁盘（C:）属性"对话框。

Step 2   在"常规"选项卡中，我们首先可以进行磁盘清理工作，以获取更多的可用空间。

Step 3   单击"磁盘清理"按钮，Windows 7 的磁盘清理器就会自动开始工作了。整个扫描、计算、分析过程需要一些时间，请耐心等待，如图 1-5.1 和图 1-5.2 所示。

图 1-5.1   "本地磁盘（C:）属性"对话框

图 1-5.2   磁盘清理

任务 1.5.2   检查磁盘

【图示步骤】

Step 1   进入"工具"选项卡，我们可以对磁盘进行检查，如图 1-5.3 和图 1-5.4 所示。

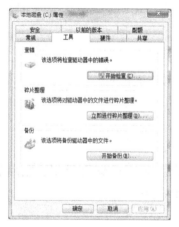

图 1-5.3   "工具"选项卡

图 1-5.4   磁盘检查

Step 2 在碎片整理中单击"立即进行碎片整理"按钮即可进入整理工具。在磁盘碎片整理工具中，我们可以对每个分区进行分析和整理，如图 1-5.5 所示。

Step 3 单击"修改计划"按钮即可对磁盘碎片整理计划进行设置。设置的时间非常灵活，可设置为每月或每周的固定日期和时间对选定的磁盘分区进行整理，这样我们就无需自己手动去整理磁盘碎片，计划程序自动完成，让我们的磁盘更加有序、更加高效，如图 1-5.6 所示。

图 1-5.5　磁盘碎片整理

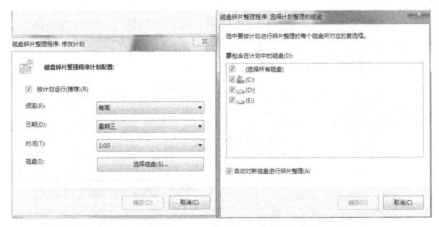

图 1-5.6　磁盘整理计划设置

项目小结

本项目使学生掌握在 Windows 7 下检查和清理磁盘的方法，而不需要利用其他软件和手工操作。

项目实训

（1）安装 Windows 7 操作系统，对硬盘进行分区格式化。

（2）设置个性化桌面及命名计算机。

（3）配置有线网络和连接无线网络。

（4）新建库，以"我的图片"命名，导入系统自带的图片。

（5）完成对磁盘的检查和清理。

模块二　Word 2007 应用篇

第一部分　基础应用

【工作情境】

在企业的日常管理工作中，王红作为一名文员，经常需要利用计算机撰写、排版和打印各种文档、报告、合同、信函、宣传手册等文字资料，或查找、修改、整理原有文档资料，以便为企业在市场销售、开发产品、决策管理等部门提供服务。因此，应用 Word 软件，熟练编辑和整理文档资料是现代办公中一项重要的技能。

项目 2.1　制作书法字帖

【技能目标】

通过本项目的学习，学生应熟练掌握 Word 2007 启动与退出的方法；熟悉 Word 2007 各部分的名称，掌握其界面特征；学会使用不同的方法新建空白文档；学会制作书法字帖；掌握各种打开文档的方法；掌握各种保存文档的方法与技巧；了解文档格式的知识；熟练掌握保护文档的方法和技术；掌握关闭文档的方法。

任务 2.1.1　启动 Word 2007

【图示步骤】

方法一：从"开始"菜单启动，如图 2-1.1 所示。单击"开始"→"所有程序"→"Microsoft Office"→"Microsoft Office Word 2007"命令，启动 Word 2007。

方法二：通过双击桌面的 Word 2007 快捷图标启动。

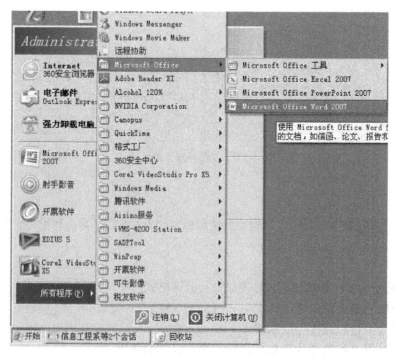

图 2-1.1　"开始"菜单启动 Word 2007

【应用拓展】

（1）系统默认的桌面上并不存在 Word 2007 的快捷图标，需要用户自己动手建立。图示步骤如图 2-1.2 所示。

（2）除上述两种启动方法之外，还有两种常用的方法，即从"运行"对话框启动和双击一个已经存在的 Word 2007 文档启动。

图 2-1.2　创建 Word 2007 桌面快捷方式

任务 2.1.2　认识 Word 2007 的工作界面

Word 2007 的工作界面如图 2-1.3 所示。

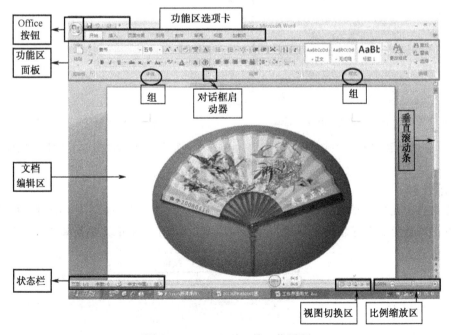

图 2-1.3　Word 2007 的工作界面

【相关知识】

（1）文档编辑区：在此区进行输入文字、编辑文字或图片等操作。

（2）状态栏：位于窗口的底部，左侧显示当前文档的页数/总页数、字数、输入语言以及输入状态等信息，右侧依次为"视图方式"切换按钮与"显示比例调整"滑块。

（3）"视图方式"切换按钮：用来切换文档的视图模式，文档的视图模式包括页面视图、阅读版式视图、Web版式视图、大纲视图和普通视图五种，其中最常用的是页面视图。

（4）"显示比例调整"滑块：向左拖动滑块缩小文档的显示比例，向右拖动滑块则增大文档的显示比例。

任务 2.1.3 建立空白文档

【图示步骤】

方法一：利用 Office 按钮建立空白文档。

Step 1 单击 Office 按钮→"新建"命令，如图 2-1.4 所示。

Step 2 在对话框上端的"空白文档和最近使用的文档"面板中，单击"空白文档"按钮，如图 2-1.5 所示。

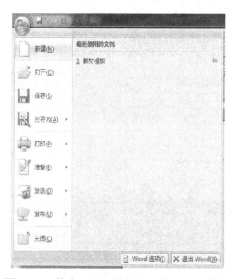

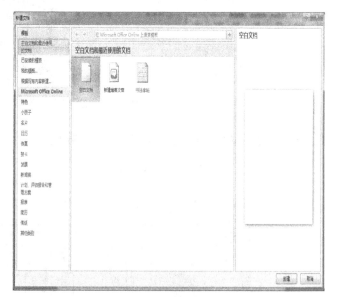

图 2-1.4 单击 Office 按钮打开的 Office 菜单　　　　图 2-1.5 "新建文档"对话框

Step 3 在"新建文档"对话框的右下角，单击"创建"按钮，如图 2-1.5 所示创建空白文档。

方法二：键盘操作法，【Ctrl+N】组合键。

【应用拓展】

可以在"自定义快速访问工具栏"中添加"新建"按钮（方法如图 2-1.6～图 2-1.8 所示），这样只要单击"自定义快速访问工具栏"中的"新建"按钮，就可以直接建立一个空白文档了。

图 2-1.6 "自定义快速访问工具栏"按钮

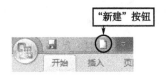

图 2-1.7　弹出的菜单 　　　　　　　　　图 2-1.8　工具栏上出现"新建"按钮

任务 2.1.4　制作"微软雅黑"书法字帖

【效果展示】

如图 2-1.9 所示为"微软雅黑"字帖的效果展示。

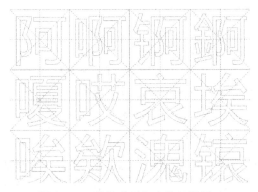

图 2-1.9　"微软雅黑"字帖效果展示

【图示步骤】

Step 1　单击 Office 按钮→"新建"命令，如图 2-1.10 所示。

图 2-1.10　Office 菜单

Step 2　在对话框上端的"空白文档和最近使用的文档"面板中，单击"书法字帖"按钮，如图 2-1.11 所示，在"新建文档"对话框的右下角单击"创建"按钮新建文档。

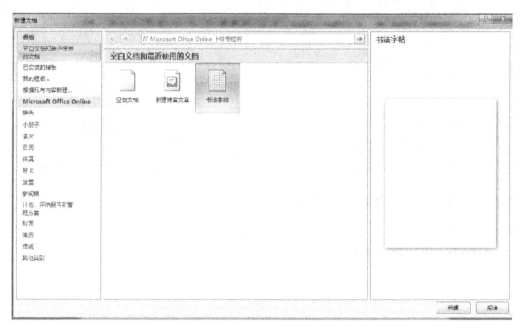

图 2-1.11　"新建文档"对话框

Step 3　在"增减字符"对话框中选择一种自己喜欢的书法字体，然后从"可用字符"列表框中挑选想要临摹的汉字，逐个添加或选中多个文字添加到对话框右侧的"已用字符"列表框中，最后单击"关闭"按钮，完成设置，如图 2-1.12 所示。

图 2-1.12　设置想临摹的汉字

任务 2.1.5　保存文档

将文档保存为 Word 2007 以前的版本也可以编辑的文档。

【图示步骤】

Step 1　单击 Office 按钮→"保存"或"另存为"命令，如图 2-1.13 所示。

图 2-1.13　选择"另存为"命令按钮

Step 2　在"另存为"对话框中选择好"保存位置",如图 2-1.14 所示。

图 2-1.14　"另存为"对话框

Step 3　在"另存为"对话框中输入文件名,如"微软雅黑字帖",如图 2-1.15 所示。

Step 4　在"另存为"对话框中选择保存类型,如 Word 97-2003 文档,如图 2-1.15 所示。

Step 5　在"另存为"对话框中单击"保存"按钮保存文件,如图 2-1.15 所示。

图 2-1.15　在"另存为"对话框中选择保存类型、输入文件名

【相关知识】

文档类型种类。

.docx：Word 2007 的专用文档类型，以前版本的 Word 程序通常无法打开这种文档。

.doc：Word 2007 以前版本的 Word 文档格式，包括 Word 6.0、Word 95 及 Word 97-2003 等各种版本。

.htm，.html：标准 Web 页格式，可以多页形式展现。

.txt（纯文本）：文本文件格式，它只能保存文字内容，并且不能保存 Word 中的各种格式化形式，但任何字处理程序都可以打开它。

【应用拓展】

通常保存文档的方法：在如图 2.1-13 所示的主菜单中单击"保存"命令或单击快捷访问工具栏上的"保存"按钮。此命令在对文档进行第一次保存时会弹出"另存为"对话框，以后的保存操作不会再打开"另存为"对话框，要求用户设定保存路径、文件名及文档类型，而是直接覆盖原有文件。

任务 2.1.6　关闭文档

方法一：单击 Word 2007 工作界面右上角的"关闭"按钮，如图 2-1.16 所示。

图 2-1.16　标题栏上的"关闭"按钮

方法二：单击 Office 按钮→"关闭"命令，如图 2-1.17 所示。

图 2-1.17　"关闭"命令

【相关知识】

除上述两种关闭文档的方法外还有一种键盘操作法，即【Alt+F4】组合键。

任务 2.1.7　打开文档

活动　打开"计算机基础试卷"文档

【图示步骤】

Step 1　单击 Office 按钮→"打开"命令，如图 2-1.18 所示。

Step 2 在弹出的"打开"对话框中确定查找范围、文件名及文件类型，如图 2-1.19 所示。

Step 3 单击打开对话框中的"打开"按钮，如图 2-1.19 所示。

图 2-1.18　Office 主菜单　　　　　　　　　　　图 2-1.19　"打开"对话框

【应用拓展】

若你的文档昨天或近期修改过，则可使用 Office 按钮中的"最近使用的文档"面板，在面板中单击所需打开的文档，如图 2-1.20 所示。

图 2-1.20　Office 主菜单

【相关知识】

若打开的文档被修改，应及时进行保存。

任务 2.1.8　保护文档

活动　强制保护"计算机基础试卷"文档

【效果展示】

受保护的"计算机基础试卷"文档如图 2-1.21 所示。

【图示步骤】

Step 1　打开素材文件夹中的"07 级微机试卷.docx"文件，在"审阅"选项卡（如图 2-1.22 所示）中单击"保护文档"下拉按钮，弹出下拉列表，单击"限制格式和编辑"命令行。

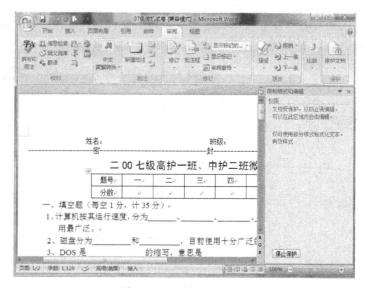

图 2-1.21　受保护的文档

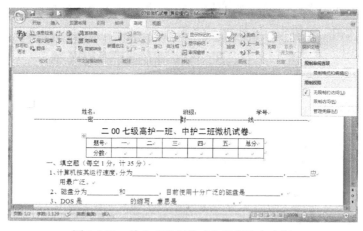

图 2-1.22　单击"限制格式和编辑"命令行

Step 2　在弹出的"限制格式和编辑"对话框中勾选"限制对选定的样式设置格式"和"仅允许在文档中进行此类编辑"复选框，单击"是，启动强制保护"按钮，在弹出的对话框中设置密码，如图 2-1.23 所示。

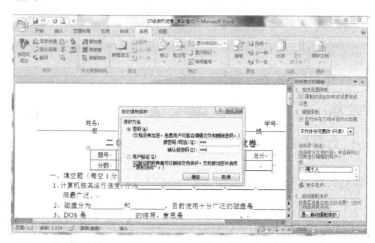

图 2-1.23　设置密码

【应用拓展】

（1）强制保护可设置允许修改的内容，如"格式设置限制"可选择不允许修改的样式，如图 2-1.24 所示；"编辑限制"可选择不允许修改的内容，如图 2-1.25 所示。

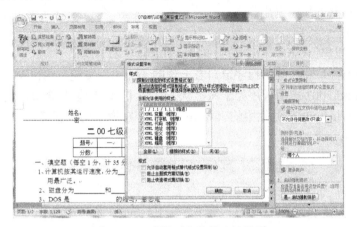

图 2-1.24　选择不允许修改的设置

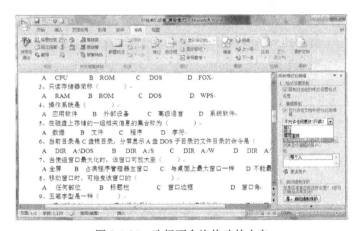

图 2-1.25　选择不允许修改的内容

（2）在 Step 2 中若不输入密码，仍可保护文档，但用户只能进行浏览不能修改。因为没有设置密码，那么在停止文档保护时则不需要输入密码，如图 2-1.26 所示。

（3）可通过"突出显示"查看或查找可编辑区域，如图 2-1.26 所示。

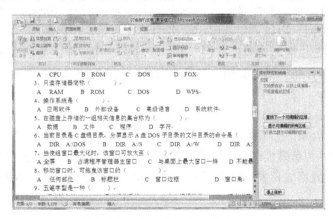

图 2-1.26　解除文档保护及小技巧

任务 2.1.9　退出 Word 2007

【图示步骤】

方法一：利用 Office 按钮退出。

Step 1　单击 Office 按钮。

Step 2　单击"退出 Word"命令按钮退出，如图 2-1.27 所示。

方法二：单击 Word 2007 应用程序窗口右上角的"关闭"按钮，退出 Word 2007。

方法三：若 Word 2007 应用程序处于激活状态，按【Alt+F4】组合键，退出 Word 2007。

方法四：右击 Windows 任务栏中的"Word 任务"，在弹出的快捷菜单中选择"关闭"命令，退出 Word 2007。

图 2-1.27　退出 Word 2007

项目小结

本项目不仅介绍了 Word 2007 的启动方法、退出方法及工作界面，而且介绍了 Word 2007 的文档操作。Word 2007 的工作界面将所有功能都集中至"功能区"中。功能区包括：选项卡、组和命令按钮三部分，每个选项卡中都包含几个组，对命令按钮较多的组，又在该组的右下角设置了"对话框启动器"按钮，用以启用该组中更多的设置命令。使用频率高的"撤销""恢复"及"保存"等命令则被放在"快速访问工具栏"中，用起来非常方便。文档操作是使用 Word 2007 的基础操作，这些操作有助于管理文档，在需要时随时打开所需文档，并进行编辑。

项目实训

练习通过桌面的 Word 快捷图标启动 Word 2007（若桌面上没有其快捷方式，要求自己先创建 Word 快捷图标），并利用模板制作一份个人简历，并将其保存在自己的秘密文件夹中，其扩展名为.doc。将该文档设置格式保护（需要设置密码保护：密码为 LX1），并利用 Office 按钮退出 Word 2007。

项目 2.2 编写“专业介绍”文档

【技能目标】

通过编写“专业介绍”文档，要求学生掌握文字录入技巧及特殊符号的插入，掌握文字格式设置、段落设置及项目符号的设置；掌握快速查找和替换特定内容的方法；学会插入脚注、尾注等一系列基本操作，从而完成对文档的编辑。

【效果展示】

“专业介绍”文档的效果如图 2-2.1 所示。

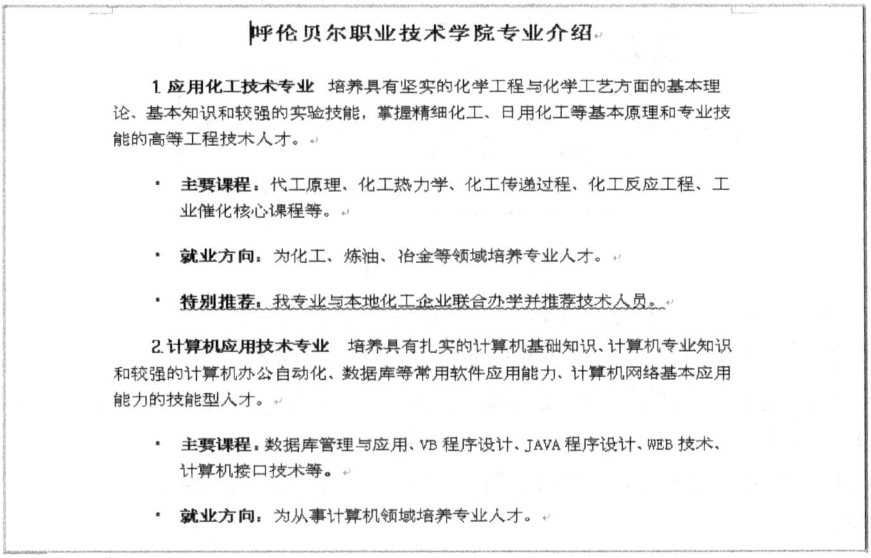

呼伦贝尔职业技术学院专业介绍

1. **应用化工技术专业** 培养具有坚实的化学工程与化学工艺方面的基本理论、基本知识和较强的实验技能，掌握精细化工、日用化工等基本原理和专业技能的高等工程技术人才。

- **主要课程**：代工原理、化工热力学、化工传递过程、化工反应工程、工业催化核心课程等。
- **就业方向**：为化工、炼油、冶金等领域培养专业人才。
- **特别推荐**：我专业与本地化工企业联合办学并推荐技术人员。

2. **计算机应用技术专业** 培养具有扎实的计算机基础知识、计算机专业知识和较强的计算机办公自动化、数据库等常用软件应用能力、计算机网络基本应用能力的技能型人才。

- **主要课程**：数据库管理与应用、VB 程序设计、JAVA 程序设计、WEB 技术、计算机接口技术等。
- **就业方向**：为从事计算机领域培养专业人才。

图 2-2.1 “专业介绍”文档整体效果图

任务 2.2.1 输入文字与符号

活动 输入“专业介绍”文档的内容

【图示步骤】

Step 1 新建文档。利用 Office 按钮建立空白文档，并命名为“呼伦贝尔职业技术学院专业介绍”。

Step 2 文档的输入。文档的输入包括文字的输入和标点符号的输入。

输入文字：首先将案例中的文字内容输入到新建的文档中，在文档的输入过程中需要注意：每个段落顶格输入，一个段落输入完毕后按【Enter】键结束，系统将插入一个“段落标记”并换行，对于组成这个段落的各行由系统自动完成换行。

输入标点和特殊符号：案例中的“ 1.”“ 2.”有两种输入方法。

- 利用中文输入状态栏所提供的“标点符号”软键盘来输入。
- 单击“插入”选项卡“符号”组中的“其他符号”按钮，在打开的“符号”对话框中选择所需要的符号，单击“插入”按钮，将符号插入到当前插入点中，如图 2-2.2 所示。

【相关知识】

（1）选定文本。

- 选定连续文本：按住鼠标左键从起始处拖曳至结尾处；或先将插入点放到起始处，再按住【Shift】键，在结尾处单击。

● 选择词：在要选择的词中的某个字上双击。

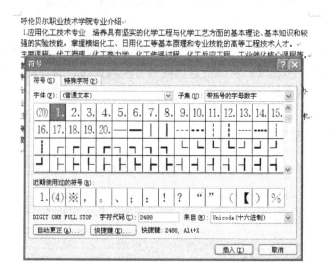

图 2-2.2 "符号"对话框

● 选择句子：按住【Ctrl】键，再在句子中的任意位置单击。
● 选择段落：在要选择的段落的任意位置快速三击鼠标左键。
● 选择分散的文本：先选择第一段文本，按住【Ctrl】键，再拖动鼠标左键选择其他文本。
● 选择矩形文本：按住【Alt】键，拖动鼠标左键选择文本。

注：也可利用文本左侧空白处的选定区进行词、行、段落、全文等的选择

（2）复制文本。

方法一：首先选定要复制的文本，在"开始"选项卡中单击"复制"按钮，将插入点移动要复制的指定位置，在"开始"选项卡中单击"粘贴"按钮。

> **提示**
> 若是移动文本，只需将上述步骤中单击"复制"按钮换成单击"剪切"按钮就可以。

方法二：首先选定要复制的文本，按住【Ctrl】键的同时用鼠标将文本拖到新位置处，完成复制。

> **提示**
> 若是移动文本，只需用鼠标拖到新位置处。

（3）撤销与恢复。

● 撤销一次或多次操作：每单击一次快速访问工具栏中的"撤销"按钮（或【Ctrl+Z】组合键），可撤销前一步的操作，直到达到允许撤销的最大数量或者无可法进行撤销操作为止。单击"撤销"按钮右侧的下拉三角形，可直接从列表中选择需要进行撤销操作的位置。
● 恢复：若要恢复某个撤销的操作，可单击快速访问工具栏上的"恢复"按钮（或【Ctrl+Y】组合键）。

任务 2.2.2 文字格式设置（标题与正文）

活动 "专业介绍"文档的文字格式设置（标题与正文）

【效果展示】

"专业介绍"文档的文字格式设置效果如图 2-2.3 所示。

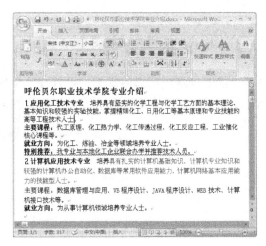

图 2-2.3　文字格式设置效果

【图示步骤】

Step 1　打开该文件，单击"开始"选项卡（如图 2-2.4 所示）。选中标题文字，在"字体"组中选择"宋体（中文标题）"，"字号"选择"三号"，再单击"加粗"按钮。

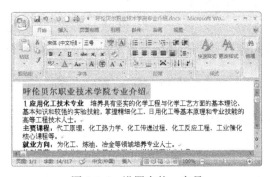

图 2-2.4　设置字体、字号

Step 2　选中正文第一段文字，在"字体"组中选择"宋体"，"字号"选择"小四"，选中"1.应用化工技术专业"，再单击"加粗"按钮 **B**。

Step 3　正文其他段落按照 Step 2 进行操作。选中"特别推荐……"段，在"字体"组中选择"下画线"按钮 U，选择波浪线，如图 2-2.5 所示。

【相关知识】

单击下画线按钮右侧的下拉三角形，打开下画线下拉列表，选择下画线的线型及颜色。

图 2-2.5　设置下画线线型及颜色

【应用拓展】

（1）单击"字体"组中"清除格式"按钮 （如图 2-2.6 所示），可清除所选内容所有格式，只留下纯文本。

（2）单击"字体"组右下角的对话框启动器按钮 ，可打开"字体"对话框，如图 2-2.7 所示。在 Word 2003 中常用到该对话框，可在其中设置上标、下标、删除线等。

图 2-2.6 "清除格式"按钮　　　　　　　　图 2-2.7 "字体"对话框

任务 2.2.3　段落设置

活动　"专业介绍"文档的段落设置

【效果展示】

"专业介绍"文档的段落设置效果如图 2-2.8 所示。

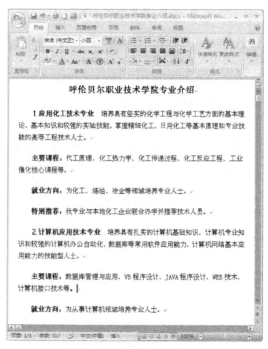

图 2-2.8　段落设置效果

【图示步骤】

Step 1　设置段落对齐：单击"开始"选项卡。选中标题文字，单击"段落"组中的"居中对齐"按钮，使标题位于文档的中间，如图 2-2.9 所示。

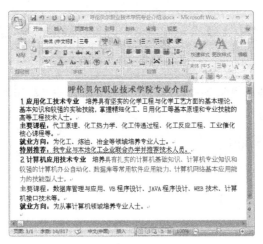

图 2-2.9　设置文档"居中对齐"

Step 2　段落缩进和段落间距：选中正文第一段，单击段落组右下角的"对话框启动器"按钮，如图 2-2.10 所示，在"段落"对话框"缩进和间距"选项卡"特殊格式"下拉列表中选择"首行缩进"，"磅值"设置为"2 字符"，在"间距"选项组中设置"段前""段后"为"1 行"，在"行距"下拉列表中选择"固定值"，设置值为"22 磅"，如图 2-2.11 所示。

图 2-2.10　单击"段落"组中的"对话框启动器"按钮

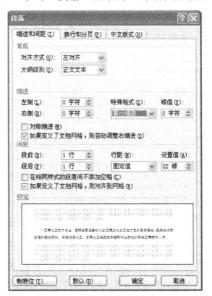

图 2-2.11　"段落"对话框"缩进和间距"选项卡

Step 3 选定设置好格式的第一段，双击"开始"选项卡中"剪贴板"组中的"格式刷"按钮 ；用刷子形状的鼠标指针在其他需要设置段落格式的文本处刷过，该文本即设置为新的格式。结束时应再单击一次"格式刷"按钮（单击"格式刷"按钮只可使用一次）。

【相关知识】

在"段落"对话框的"中文版式"选项卡中，可以根据情况让其自动调整字符间距，如图 2-2.12 所示。

【应用拓展】

在编辑过程中，空格或制表符等会以不同符号显示，可用"显示/隐藏编辑标记"按钮将其显示或隐藏，如图 2-2.13 所示。

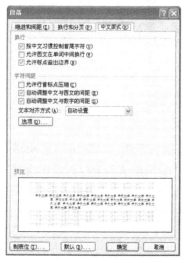

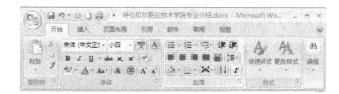

图 2-2.12 "段落"对话框"中文版式"选项卡 　　　　　图 2-2.13 "显示/隐藏编辑标记"按钮

任务 2.2.4 项目符号和编号的设置

活动 "专业介绍"文档的项目符号设置

【效果展示】

"专业介绍"文档的项目符号设置效果如图 2-2.14 所示。

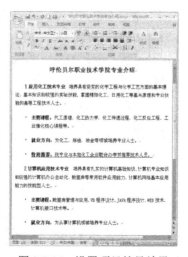

图 2-2.14 设置项目符号效果

【图示步骤】

Step 1 选择正文需要添加项目符号的段落。

Step 2 单击"开始"选项卡"项目符号"右侧的下拉三角形，如图 2-2.15 所示，在下拉列表中选择合适的项目符号，如图 2-2.16 所示。

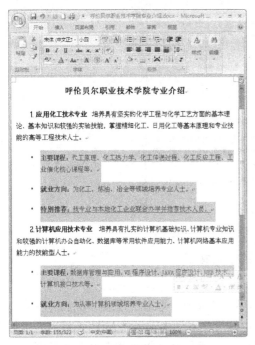

图 2- 2.15 "项目符号"下拉三角形 　　　　图 2-2.16 选择项目符号

【相关知识】

定义新项目符号：单击"项目符号"按钮右侧的下拉三角形，在产生的下拉列表中单击"定义新项目符号…"命令，如图 2-2.17 所示，弹出如图 2-2.18 所示的"定义新项目符号"对话框。

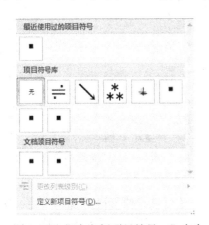

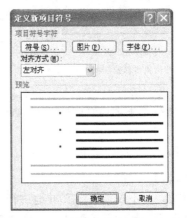

图 2-2.17 "定义新项目符号…"命令 　　　　图 2-2.18 "定义新项目符号"对话框

任务 2.2.5 查找和替换

【效果展示】

查找和替换的效果如图 2-2.19 所示。

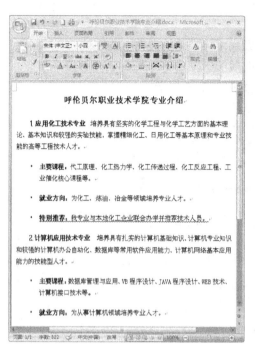

图 2-2.19　查找和替换效果

【图示步骤】

Step 1　在"开始"选项卡中单击"编辑"组中的"替换"按钮，如图 2-2.20 所示。

Step 2　在"查找和替换"对话框中的"查找内容"文本框中输入"人士"，然后在"替换为"文本框中输入"人才"，最后单击"全部替换"按钮，并关闭对话框，如图 2-2.21 所示。

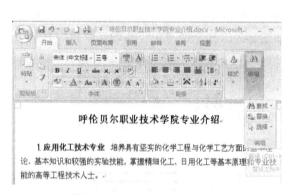

图 2-2.20　单击"替换"按钮

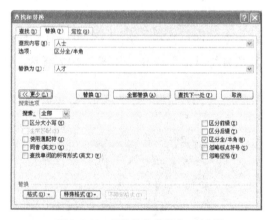

图 2-2.21　"查找和替换"对话框

【相关知识】

利用替换功能不仅能又快又准地进行文字的修改，还可以又快又准地修饰文字。例如，把文档中所有"人才"都加单下画线，如图 2-2.22 所示，可以按下面的图示步骤完成。

Step 1　在"查找和替换"对话框中的"查找内容"文本框中输入"人才"，然后在"替换为"文本框中也输入"人才"，并单击"更多"按钮，如图 2-2.23 所示。

Step 2　在展开部分的下端，单击"格式"按钮，在下拉列表中选择"字体…"命令行，如图 2-2.24 所示。

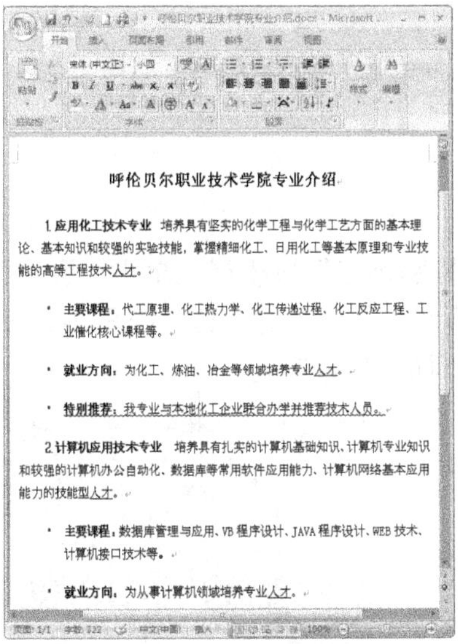

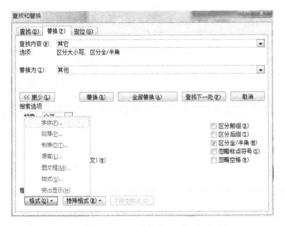

图 2-2.22 修饰文字结果

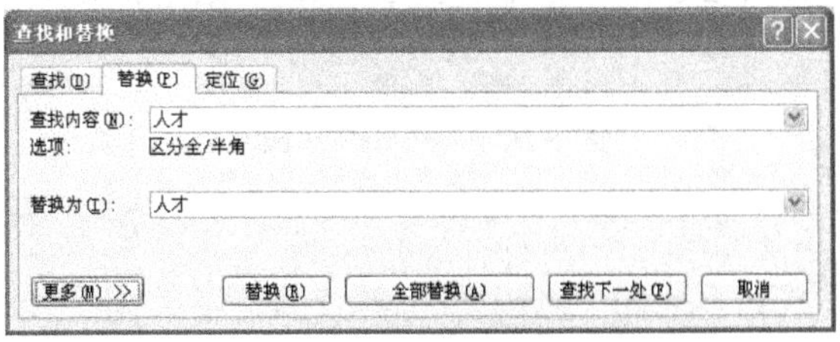

图 2-2.23 单击"更多"按钮

Step 3 在"查找字体"对话框的"字体"选项卡中，选择"下划线线型"下拉列表中的单下划线，然后单击"确定"按钮，如图 2-2.25 所示。

图 2-2.24 "字体…"命令行

图 2-2.25 选择"下划线线型"

Step 4 返回"查找和替换"对话框中，单击"全部替换"按钮，并关闭对话框，如图 2-2.26 所示。

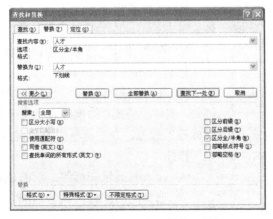

图 2-2.26 单击"全部替换"按钮

任务 2.2.6　插入脚注或尾注

【效果展示】

插入脚注的效果如图 2-2.27 所示。

【图示步骤】

Step 1　设置脚注和尾注的格式。将插入点定位在"特别推荐"段段尾，单击"引用"选项卡"脚注"分组右下角的"脚注"对话框启动器，弹出"脚注和尾注"对话框，如图 2-2.28 所示，在"位置"选项组中选中"脚注"和"页面底端"，单击"插入"按钮。

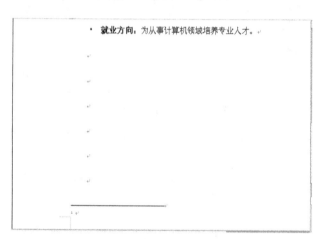

图 2-2.27　添加脚注

图 2-2.28　"脚注和尾注"对话框

Step 2　插入脚注后，光标自动定位到"脚注"的文本注释区，输入注释文本，最后保存文件。

【相关知识】

（1）脚注或尾注都是用来对文档中某个内容进行解释、说明或提供参考资料等的对象。脚注通常出现在页面的底部，作为文档某处内容的说明；而尾注一般位于文档的末尾，用于说明引用文献的来源等，在同一文档中可以同时包括脚注和尾注。

（2）双击脚注或尾注编号，返回到文档中的引用标记处。同样的，双击文档中脚注或尾注的引用标记，则返回到文档注释区。

图 2-2.29　"题注"设置窗口

（3）题注应用于图、表。

添加方法：

① 选择要添加题注的对象（表格、公式、图表或其他对象）。

② 在"引用"选项卡上的"题注"组中，单击"插入题注"按钮，如图 2-2.29 所示。

③ 在"标签"列表中，选择最能恰当地描述该对象的标签，例如，图片或公式。如果列表中未提供正确的标签，请单击"新建标签"按钮，在"标签"框中键入新的标签，然后单击"确定"按钮。

④ 键入要显示在标签之后的任意文本（包括标点）。

⑤ 选择所需的任何其他选项。

项目小结

本项目通过六个活动完成了“专业介绍”的编写，其中涉及的小知识点很多：输入中英文、符号等基础操作；利用选定、复制、移动、查找与替换文本等操作进行文字的修改；通过字体组和段落组进行字体、段落的设置，使用户操作更为方便。项目符号是排版中常用的操作，可使文章条理更清晰，层次更分明，学会在必要的文档部分添加题注、脚注和尾注等。

项目实训

（1）录入如图 2-2.30 所示的文字并进行简单排版。

【护理评估】

一、病人基本状况：

马舒，ö，偏瘫，生活不能自理，入院时体温为 39℃，处于半昏迷状态。

二、护理细则：

I、每隔一小时测量患者体温，并做好相应记录。

II、嘱咐家属每隔 2 小时使患者变换体位，以免褥疮形成。

III、每天早晨要做好患者的口腔护理，整理被褥。

IV、使用冰帽要注意防止患者冻伤耳朵。

图 2-2.30 “护理评估”效果图

（2）录入如图 2-2.31 所示文字并进行简单排版。

『机电干部上岗查岗制度』

1) 每天巡视各机房一次，查看运转日志，检查安全保护装置的试验动作情况，查钢丝绳与吊挂装置的检查情况记录，查设备运转情况，发现问题，立即安排处理，查司机持证上岗与坚守工作岗位情况。

2) 区、队二十四小时有人值班，查交接班情况，各个岗位上的人员是否到齐，查夜班是否有人离岗或睡觉。

3) 查设备日常维修与安排一般检修执行情况与完成情况。

图 2-2.31 “机电干部上岗查岗制度”效果图

（3）录入如图 2-2.32 所示文字并进行简单排版。

第二条 服务规范：

☒ 仪表：公司职员工应仪表整洁、大方。

☒ 微笑服务：在接待公司内外人员的垂询、要求等任何场合，应注释对方，微笑应答，切不可冒犯对方。

☒ 用语：在任何场合应用语规范，语气温和，音量适中，严禁大声喧哗。

☒ 现场接待：遇有客人进入工作场地应礼貌劝阻，上班时间（包括午餐时间）办公室内应保证有人接待。

☒ 电话接听：接听电话应及时，一般铃响不应超过三声，如受话人不能接听，离之最近的职员应主动接听，重要电话作好接听记录，严禁占用公司电话时间太长。

第三条 办公秩序

1. 工作时间内不应无故离岗、串岗，不得闲聊、吃零食、大声喧哗，确保办公环境的安静有序。

2. 职员间的工作交流应在规定的区域内进行（大厅、会议室、接待室、总经理室）或通过公司内线电话联系，如需在个人工作区域内进行谈话的，时间一般不应超过三分钟（特殊情况除外）。

3. 职员应在每天的工作时间开始前和工作时间结束后做好个人工作区内的卫生保洁工作，保持物品整齐，桌面清洁。

4. 部、室专用的设备由部、室指定专人定期清洁，公司公共设施则由办公室负责定期的清洁保养工作。

5. 发现办公设备（包括通讯、照明、影音、电脑、建筑等）损坏或发生故障时，员工应立即向办公室报修，以便及时解决问题。

图 2-2.32 “办公行为规范文档”效果图

项目 2.3 设计"诗词欣赏"文档

【技能目标】

通过设计"诗词欣赏"文档，要求学生了解为了进一步美化文档，应如何设置文档的页面布局，掌握设置文档特殊效果的方法，例如：如何设置纸张的大小，调整页边距，选择纸张方向，添加页眉、页脚、页码，边框及底纹的设置，分栏及首字下沉的设置等。

【效果展示】

"诗歌欣赏"文档效果如图 2-3.1 所示。

图 2-3.1 "诗词欣赏"文档效果图

任务 2.3.1 页面布局

活动 设计"诗词欣赏"文档的页面布局

【图示步骤】

Step 1 打开素材文件"诗词欣赏.docx"。

Step 2 单击"页面布局"选项卡"纸张大小"下拉列表中的"其他页面大小"命令，如图 2-3.2 所示。

> **提示**
>
> 在单击"纸张大小"按钮，打开"纸张大小"下拉列表后，可选择相应的选项，如 A4、A3、B5、B4 等纸型，快速地设置所需纸张的大小。

Step 3 单击"纸张"选项卡。打开"纸张大小"下拉列表，从中选择"自定义大小"，如图 2-3.3 所示，在"宽度"文本框中输入"18 厘米"，在"高度"文本框中输入"10 厘米"，如图 2-3.4 所示。

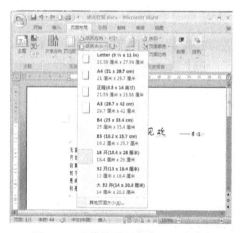

图 2-3.2 "其他页面大小..."命令行

图 2-3.3 "自定义大小"选项

Step 4 单击"页边距"选项卡，选择"自定义边距"命令行，将"上""下""左""右"页边距的值均设置为 2 厘米，单击"确定"按钮，如图 2-3.5 所示。

图 2-3.4 输入纸张的宽度和高度

图 2-3.5 设置页边距和纸张的方向

提示

在如图 2-3.5 所示的"页面设置"对话框中，单击"纵向"按钮或者"横向"按钮可选择纸张的方向。

任务 2.3.2 页眉/页脚的设置

活动 设置"诗词欣赏"文档的页眉/页脚

【相关知识】

页眉/页脚是指在文档页面的顶端和底端重复出现的文字或图片信息，如文章标题、作者姓名、日期或者某些杂志。这些信息若在页的顶部，称为页眉，若在页的底部，称为页脚。

【效果展示】

"诗词欣赏"文档的页眉/页脚的设置效果如图 2-3.6 所示。

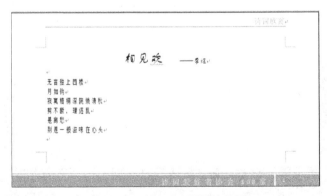

图 2-3.6 页眉/页脚设置效果图

【图示步骤】

Step 1 将光标定位在文档的任意位置。

Step 2 设置页眉。单击"插入"选项卡下"页眉和页脚"组中的"页眉"按钮，在弹出的下拉列表中选择，"编辑页眉"命令，如图 2-3.7 所示。

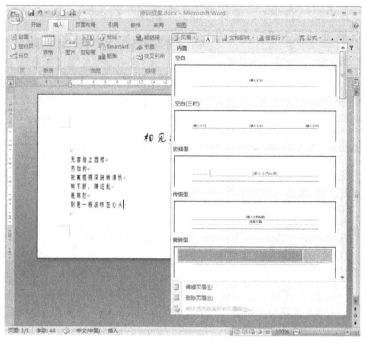

图 2-3.7 选择"编辑页眉"命令

Step 3 选择"页眉和页脚工具/设计"选项卡，在"位置"组中"页面顶端距离"和"页脚底端距离"微调框中分别输入 0.2 厘米和 0.4 厘米，在页眉光标处输入文字页眉"诗词欣赏"，如图 2-3.8 所示，将光标移动到页眉文字前面，在"位置"组中单击"插入'对齐方式'选项卡"按钮，在打开的对话框中选择"右对齐"单选按钮，如图 2-3.9 所示。

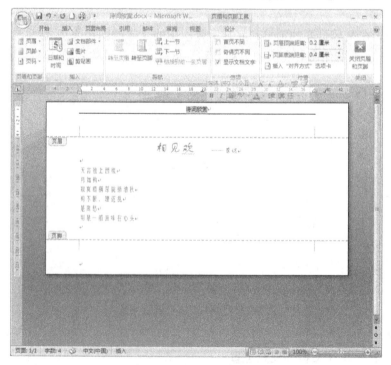

图 2-3.8 页眉文字的输入

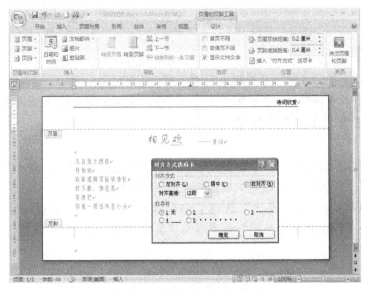

图 2-3.9　设置页眉的对齐方式

【相关知识】

页眉页脚的对齐方式除了可以用图中单击"插入'对齐方式'选项卡"按钮的方法外,还可以在"开始"选项卡的"段落"组中设定,如图 2-3.10 所示。

图 2-3.10　运用"段落"组中的命令按钮设定对齐方式

Step 4　设置页脚。单击"页眉和页脚工具/设计"选项卡,单击 "页脚"下拉三角形,在出现的下拉列表中,单击选择"瓷砖型",更改页脚处的文字为"诗词爱好者协会 108 室",如图 2-3.11 所示。

图 2-3.11　设置页脚

Step 5　单击"页眉和页脚工具/设计"选项卡最右端的"关闭页眉和页脚"按钮，返回文档。

> **提示**
> （1）使用任务 2.3.3 中介绍的方法，可以对页眉页脚中的文字进行字体、字色、字号、加粗、添加底纹等的设置，当前页眉页脚中的文字都被设置成了"橙色、加粗、小四号字"。
> （2）删除"页眉页脚"：在"页眉页脚"处双击，页眉页脚处于编辑状态，选中页眉（或页脚）内容，按【Delete】键删除即可。

【相关知识】

（1）页眉/页脚处于编辑状态时，文档中的文字编辑区域变为灰白色，呈不可编辑状态；同理，当编辑文档区域时，页眉/页脚区域变为灰白色，呈不可编辑状态。

（2）在"页眉和页脚工具/设计"选项卡中可以设置首页、奇偶页不同的页眉/页脚，如图 2-3.12 所示，还可以在"页面布局"选项卡的"页面设置"对话框中指定，如图 2-3.13 所示。

图 2-3.12　首页和奇偶页页眉/页脚的设置

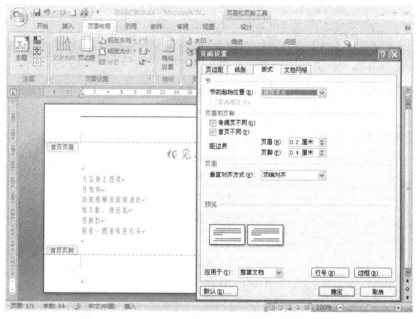

图 2-3.13　"页面设置"对话框的"版式"选项卡

（3）在"页眉和页脚工具/设计"选项卡中可以进行页码插入、删除及页码格式的设置，如图 2-3.14 所示。

【应用拓展】

在纸张的"上边距"或"下边距"处（即"页眉页脚"处）双击，即可快速打开"页眉和页脚工具/设计"选项卡；在文档编辑区双击可快速退出"页眉页脚"的编辑，回到对文档编辑区的操作。

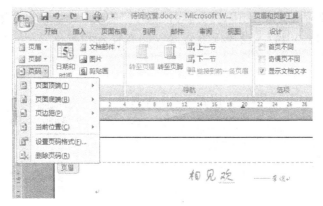

图 2-3.14 页码的设置

任务 2.3.3 边框、底纹、页面颜色的设置

活动 诗词效果修饰——设置边框、底纹、页面颜色

【效果展示】

边框、底纹和页面背景设置效果如图 2-3.15 所示。

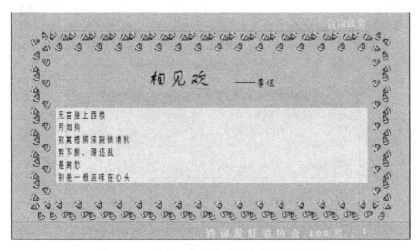

图 2-3.15 边框、底纹和页面背景设置效果图

【图示步骤】

Step 1 单击"开始"选项卡"段落"组中的"边框和底纹"按钮，在打开的"边框和底纹"下拉列表中选择"边框和底纹"选项，如图 2-3.16 所示。打开"边框和底纹"对话框，以下步骤均在"边框和底纹"对话框中设置。

Step 2 设置页面边框。选择"页面边框"选项卡，选择一种艺术型页面边框类型，如图 2-3.17所示，设置边框类型为"方框"，"宽度"为"24 磅"，设置应用于"整篇文档"。

【相关知识】

（1）单击"页面布局"选项卡，在"页面背景"组中单击"页面边框"按钮，也可以打开"边框和底纹"对话框，如图 2-3.18 所示。

（2）设置字符边框：选中文字，选择"边框和底纹"对话框中的"边框"选项卡，设置完类型、样式、颜色、宽度项后，选择应用于"文字"。若设置段落边框，最后一步选择应用于"段落"（见图 2-3.19）。

Step 3 设置"段落底纹"。选中诗词内容，选择"底纹"标签，设置底纹填充色为"橙色，强调文字颜色 6，淡色 60%"（也可以设置底纹图案样式和颜色），选择应用于"段落"，如图 2-3.20 所示。

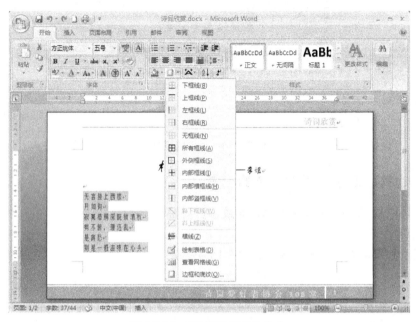

图 2-3.16 "边框和底纹"命令

图 2-3.17 设置"页面边框"

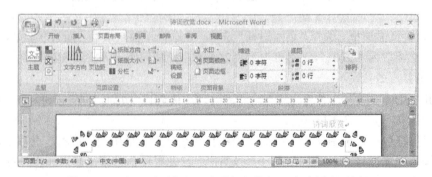

图 2-3.18 在"页面布局"选项卡中单击"页面边框"按钮

图 2-3.19 设置字符底纹

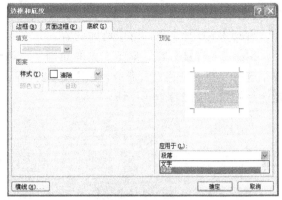

图 2-3.20 设置段落底纹

Step 4 设置"页面颜色"。单击"页面布局"选项卡"页面背景"组中的"页面颜色"按钮，在其下拉列表中单击"主题颜色"中的"橙色，强调文字颜色 2"，如图 2-3.21 所示。

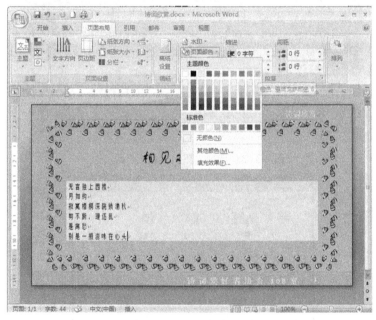

图 2-3.21 页面颜色设置

【相关知识】

在"页面布局"选项卡中可以进行"稿纸""图片水印"等设置，以美化页面效果。

任务 2.3.4 分栏、首字下沉的设置

活动 诗词效果修饰——设置分栏、首字下沉

【效果展示】

分栏、首字下沉设置的效果如图 2-3.22 所示。

图 2-3.22 设置分栏、首字下沉的效果

Step 1 打开文件，选中诗词内容。

Step 2 设置分栏。单击"页面布局"选项卡"页面设置"组中的"分栏"按钮，在下拉列表中选择"更多分栏…"命令，如图 2-3.23 所示，弹出"分栏"对话框，选择"两栏"，单击"确定"按钮，如图 2-3.24 所示。

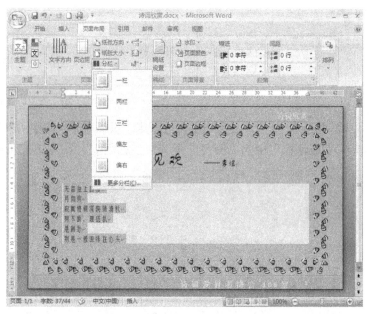

图 2-3.23 选择"更多分栏…"命令

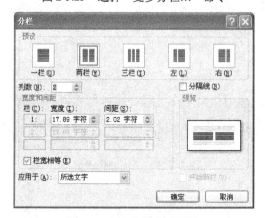

图 2-3.24 "分栏"对话框

【相关知识】

（1）如果不进行更细致的"分栏"设置，可直接在如图 2-3.23 所示打开的"分栏"下拉列表中选择文档的分栏数目。

（2）在"分栏"对话框中可以设置分隔线、栏宽、间距等。

【应用拓展】

若要使分出的各栏等长，而不是一栏长一栏短（甚至当文档很短时出现无论怎么分栏都只有一栏的现象），须将光标定位在文档的尾部。单击"页面布局"选项卡，在"页面设置"设置组中单击"分隔符"按钮，在打开的下拉列表中选择"连续"分隔符。

Step 3 调整诗词内容字号为"小二"，将光标定位到第一个段落中，设置首字下沉。单击"插入"选项卡，在"文本"组中单击"首字下沉"按钮，在弹出的下拉列表中选择"首字下沉选项…"命令，如图 2-3.25 所示。选择下沉方式为"下沉"，单击"字体"框右侧的下拉箭头，选择字体为"方正姚体"，下沉行数设置为"2"，距正文的距离为"0 厘米"，单击"确定"按钮，如图 2-3.26 所示，最后保存文件。

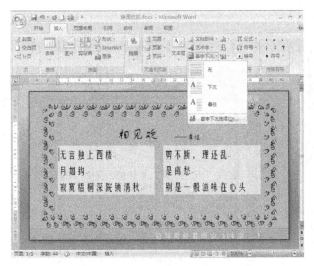

图 2-3.25　选择"首字下沉选项…"命令　　　图 2-3.26　"首字下沉"对话框

项目小结

本项目通过页面布局，页眉、页脚、边框、底纹的设置等活动，完成了"诗词欣赏"的设计，其中详细介绍了文档特殊效果的设置方法。学习本项目后，应掌握使文档的编排更活泼、更醒目的方法，从而更有效地使用 Word 2007。

项目实训

（1）制作"护士工作站"功能图，如图 2-3.27 所示。

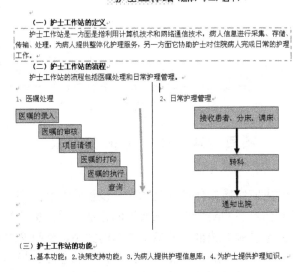

图 2-3.27　"护士工作站"效果图

（2）制作授权书，如图 2-3.28 所示。

（3）制作"奖状"，如图 2-3.29 所示。

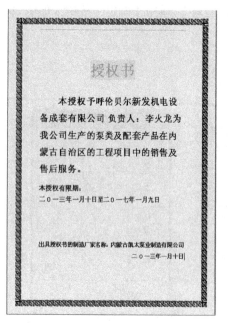

图 2-3.28 "授权书"效果图

图 2-3.29 "奖状"效果图

（4）制作"请柬"，如图 2-3.30 所示。

图 2-3.30 "请柬"效果图

项目 2.4 自行车出租海报

【技能目标】

通过本项目的学习，学生应掌握如何插入艺术字、设置艺术字的字体和大小的方法、如何为艺术字填充图案、如何设置艺术字的阴影与三维效果的方法，学会更改艺术字的形式。基本掌握文本框的各类操作，如为文本框添加边框、调整文本框的大小、更改文本框的形状等。熟练掌握图片插入的方法，掌握设置图文环绕的方法及图片大小调整的方法。基本掌握如何插入图形及对图形的各类操作，如图形的填充效果、移动和改变图形的位置等。

【效果展示】

"自行车出租海报"效果如图 2-4.1 所示。

图 2-4.1　青春俱乐部自行车出租海报整体效果图

任务 2.4.1　插入并修饰艺术字

活动　制作海报醒目的标题

【效果展示】

完成效果如图 2-4.2 所示。

图 2-4.2　用艺术字制作的标题

【图示步骤】

Step 1　插入艺术字创建一篇 Word 空白文档。单击"插入"选项卡"艺术字"按钮，在打开的"艺术字"下拉列表中选择"艺术字样式 22"样式，在打开的"编辑艺术字文字"对话框中输入相应文字内容"青春俱乐部自行车出租"，单击"字体"下拉列表，选择"黑体"，在"字号"下拉列表中选择"36"号字号，单击加粗"B"按钮，单击"确定"按钮返回，如图 2-4.3 和图 2-4.4 所示。

Step 2　更改艺术字形状。选中创建的艺术字，单击"艺术字工具/格式"选项卡中的"更改艺术字形状"按钮，在弹出的下拉列表中选择"波形 2"样式，如图 2-4.5 所示。

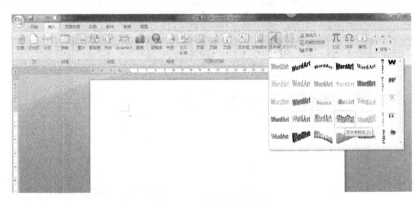

图 2-4.3　艺术字样式库

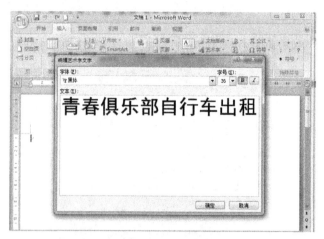

图 2-4.4　"编辑艺术字文字"对话框

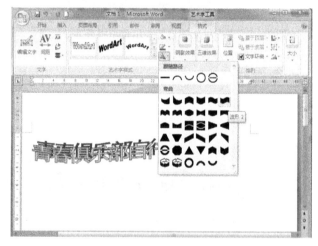

图 2-4.5　更改艺术字形状

Step 3　用图片填充艺术字。选中艺术字，单击"艺术字工具/格式"选项卡"形状填充"按钮右侧的下拉箭头，在下拉列表中选择"图片"选项，如图 2-4.6 所示，选择素材文件夹中的"用来填充艺术字的图片"文件，单击"插入"按钮，如图 2-4.7 所示。

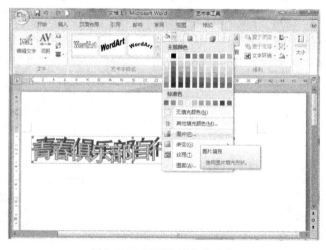

图 2-4.6　用图片填充艺术字

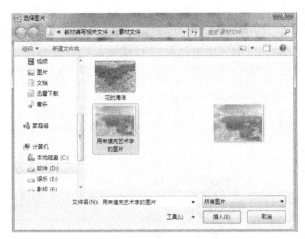

图 2-4.7 选择填充图片

【相关知识】

在"艺术字工具/格式"选项卡的"形状填充"下拉列表中,除了上述用到的用图片填充艺术字之外,还有:

- 无填充颜色:取消所作的填充效果;
- 其他填充颜色:打开颜色选项卡进行更多的颜色选择;
- "渐变":用单色、双色或预设色进行渐变填充;
- "纹理":用纹理填充;
- "图案":各种网格及条纹填充。

请自主尝试,观察这几类填充的效果,例如,"形状填充"的"渐变"级联列表,如图 2-4.8 所示。

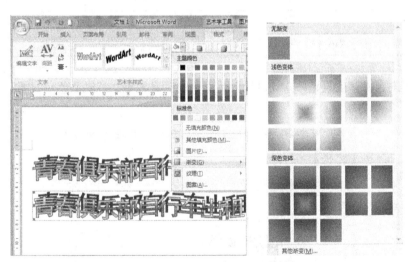

图 2-4.8 "渐变"级联列表

Step 4 为艺术字取消阴影效果,如图 2-4.9 所示。选中艺术字,单击"艺术字工具/格式"选项卡中的"阴影效果"按钮,选择"无阴影效果"。

【相关知识】

用鼠标指向一种阴影样式,Word 2007 会实时显示样式的效果。

Step 5 设置艺术字的文字环绕方式,如图 2-4.10 所示。选中艺术字,单击"艺术字工具/

格式"选项卡中的"文字环绕"按钮，在下拉列表中选择"浮于文字上方"选项，则艺术字可放置在纸张的任意位置。

图 2-4.9　取消阴影效果

图 2-4.10　设置文字环绕方式

💡提示

文字环绕方式还有很多种，可自主实践一下，看看其他环绕方式的不同。

【应用拓展】

除上述所讲对艺术字的设置外，还可设置艺术字的三维效果、三维颜色（如图 2-4.11 所示）和照明效果（如图 2-4.12 所示）。

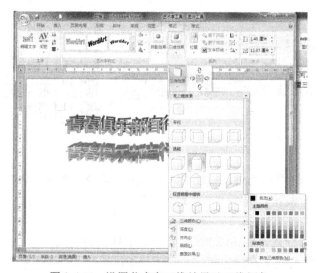

图 2-4.11　设置艺术字三维效果及三维颜色

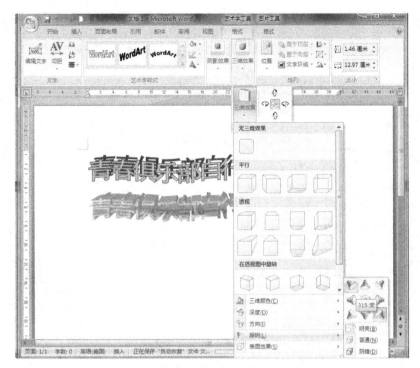

图 2-4.12　为艺术字设置照明效果

任务 2.4.2　插入并修饰文本框

活动　制作自行车出租海报正文

【效果展示】

自行车出租海报正文效果如图 2-4.13 所示。

图 2-4.13　自行车出租海报正文

【图示步骤】

Step 1　插入文本框。将光标定位在标题下方，单击"插入"选项卡中的"文本框"按钮，在打开的"文本框"下拉列表中选择"绘制文本框"，如图 2-4.14 所示。

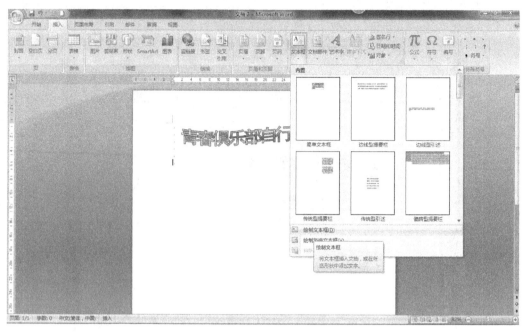

图 2-4.14　插入文本框

Step 2　在文本框中输入文字。在文本框中输入文字，并分别选中文字，在自动弹出的"格式化工具"中，设置字体、字号、字体颜色分别为"隶书、三号、红色"和"楷体、四号、深蓝"，如图 2-4.15 所示。

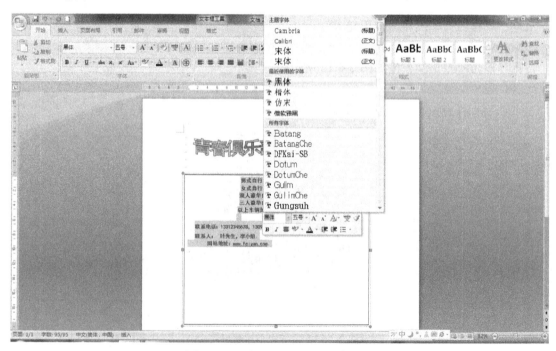

图 2-4.15　输入文字并进行相关设置

Step 3　设置文本框的填充效果及线条颜色、线型和粗细。右击文本框边框，在弹出的快捷菜单中，选择"设置文本框格式…"命令，如图 2-4.16 所示，弹出"设置文本框格式"对话框，如图 2-4.17 所示，单击"颜色与线条"选项卡，则在该项内可设置文本框的线条颜色、线型、粗细以及填充颜色或填充效果，详细设置如图 2-4.18 和图 2-4.19 所示。

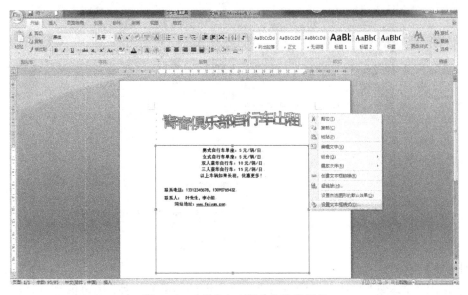

图 2-4.16 右击文本框产生快捷菜单

图 2-4.17 "设置文本框格式"对话框

图 2-4.18 设置文本框的线型、颜色等

图 2-4.19 "填充效果"对话框

【应用拓展】

除上述使用"文本框"快捷菜单的方法设置文本框的相关操作外,还可再选中文本框边框后,利用"文本框工具/格式"选项卡下的"形状填充"按钮、"形状轮廓"按钮等来进行设置,如图 2-4.20 所示。

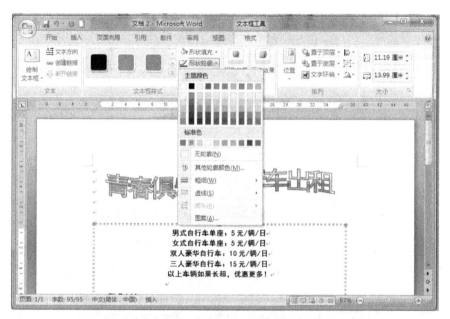

图 2-4.20 "文本框工具/格式"中的"形状轮廓"按钮

Step 4 更改文本框的形状(见图 2-4.21)。选中文本框的边框,单击"文本框工具/格式"选项卡中的"更改形状"按钮,在下拉列表中,选择"缺角矩形"形状,如图 2-4.21 所示。

【应用拓展】

(1)选中艺术字或者文本框,则在上边框会出现绿色的"旋转钮",将鼠标指向"旋转钮",按住鼠标拖动,可按任意角度旋转艺术字或者文本框。

(2)选中艺术字或者文本框后,按住【Ctrl】键不放的同时,操作上、下、左、右方向键,可以微调对象的位置,以达到满意的位置效果。

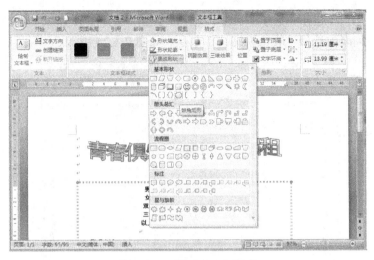

图 2-4.21　更改文本框形状

任务 2.4.3　插入图片

活动　美化海报——插入自行车图片

【效果展示】

海报美化效果如图 2-4.22 所示。

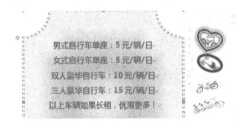

图 2-4.22　美化的海报——插入自行车图片

【图示步骤】

Step 1　插入图片。将光标定位到要插入图片的位置，单击"插入"选项卡中的"图片"按钮，在弹出的"插入图片"对话框中选择相应的图片，单击"插入"按钮确定，如图 2-4.23 所示。

图 2-4.23　"插入图片"对话框

Step 2 设置图片的文字环绕方式。选中图片，单击"图片工具/格式"选项卡中的"文字环绕"按钮，在下拉列表中选择"紧密型环绕"命令，如图 2-4.24 所示。

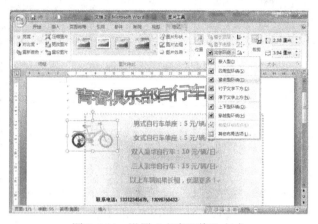

图 2-4.24 设置"文字环绕"方式

Step 3 调整"图片"的大小及位置。选中图片，将鼠标指向右下角的编辑点上，当鼠标形状变为双箭头时，拖动鼠标改变图片的大小，当鼠标指向边框非操作点，鼠标形状变为四个箭头时，拖动鼠标，将图片放到合适位置，如图 2-4.25 和图 2-4.26 所示。

图 2-4.25 调整图片的大小

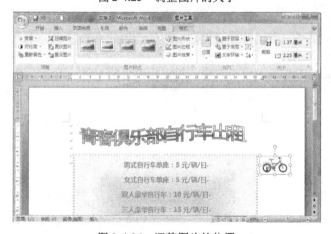

图 2-4.26 调整图片的位置

【应用拓展】

调整图片大小除可拖动鼠标外，还可精确设置图片的大小，如图 2-4.27 所示。

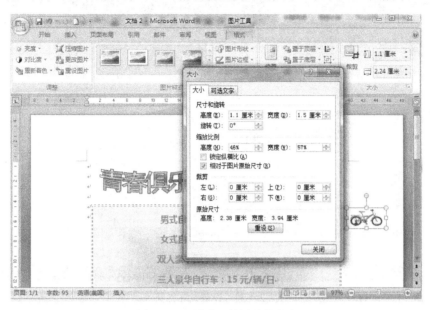

图 2-4.27　精确调整图片的大小

Step 4　设置图片样式、更改图片形状并旋转图片。选中图片，单击"图片工具/格式"选项卡"图片样式"功能组中的"复杂框架 黑色"。单击"更改形状"按钮，选择"心形"，将鼠标放置在图片上方的绿色钮上，按住鼠标不放，拖动鼠标，可使图片旋转，如图 2-4.28 所示。

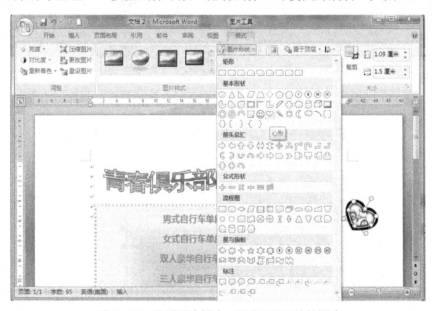

图 2-4.28　设置图片样式、更改形状及旋转图片

Step 5　设置图片的发光效果。选中图片，单击"图片工具/格式"选项卡"图片效果"按钮右侧的下拉按钮，单击"发光"命令选择"强调文字颜色2　11pt 发光"效果，如图 2-4.29 所示。

Step 6　设置图片的柔化边缘效果。选中图片，单击"图片工具/格式"选项卡"图片效果"按钮，选择"柔化边缘"命令中的"1 磅"效果，如图 2-4.30 所示。

・81・

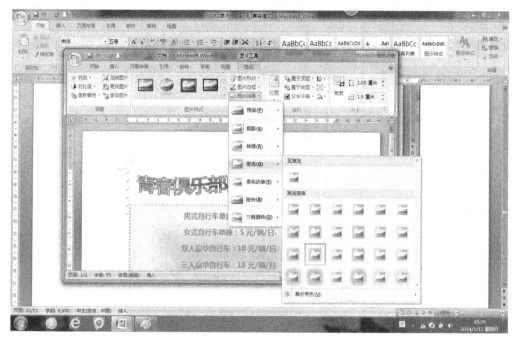

图 2-4.29　设置发光效果

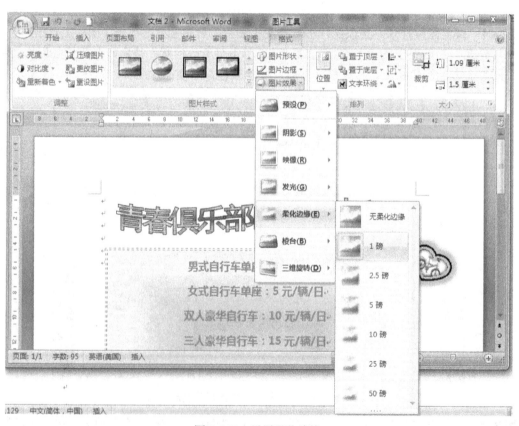

图 2-4.30　设置柔化边缘

Step 7　其他图片的插入参照 Step 1～Step 6 进行相应的设置，效果图如图 2-4.22 所示。

任务 2.4.4　绘制形状

活动　制作"青春俱乐部"图章

【效果展示】

"青春俱乐部"图章效果如图 2-4.31 所示。

图 2-4.31　"青春俱乐部"图章效果

【图示步骤】

Step 1　参考任务 2.4.1 制作艺术字"呼伦贝尔职业技术学院青春俱乐部",其形状效果如图 2-4.31 所示。

Step 2　绘制"八角星"图形。单击"插入"选项卡中的"形状"按钮,在其下拉列表中选择"八角星"形状,在艺术字的位置拖动鼠标绘制出八角星,并进行相应的调整,使"八角星"覆盖在艺术字上,如图 2-4.32 所示。

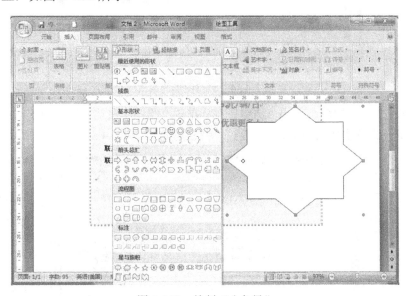

图 2-4.32　绘制"八角星"

【相关知识】

图形大小和位置的改变与调整图片的大小和位置的方法相同。

Step 3　设置形状样式。选中图形,单击"绘图工具/格式"选项卡"形状样式"功能组中的

"彩色填充，白色边框-强调文字颜色6"样式，如图2-4.33所示。

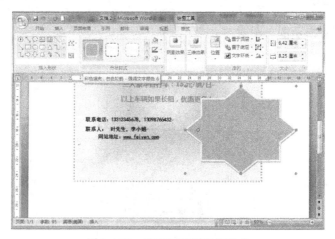

图2-4.33　设置图形的形状样式

Step 4　调整图形的层次。选中图形，单击"绘图工具/格式"选项卡"排列"功能组中的"置于底层"按钮，选择"下移一层"命令，如图2-4.34所示。

图2-4.34　调整图形的层次

Step 5　设置八角星的轮廓效果。选中图形，单击"绘图工具/格式"选项卡中的"形状轮廓"按钮，在"虚线"的级联列表中选择"方点"虚线效果，如图2-4.35所示。

图2-4.35　设置八角星的轮廓效果

Step 6 组合对象。同时选中艺术字和八角星，单击"绘图工具/格式"选项卡"排列"功能组中的"组合"按钮，在下拉列表中选择"组合"命令，如图 2-4.36 所示。

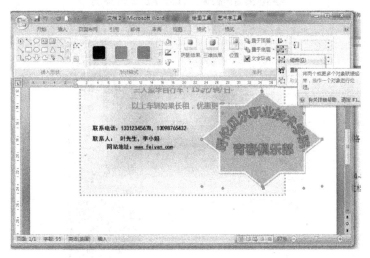

图 2-4.36 组合对象

【应用拓展】

按住【Shift】键单击要选择的对象，可以同时选中多个对象。

项目小结

本项目通过制作青春俱乐部自行车出租海报、制作自行车出租正文、美化海报——插入自行车图片和制作"青春俱乐部"图章四个活动，详细介绍了艺术字、文本框、图片、图形的插入和修饰，艺术字、文本框、图片、图形与文字的环绕方式。学习本项目之后，就可以在文档中进行图文混排，编辑出内容更加绚丽别致的文档。

项目实训

（1）制作"中心医院"院报，如图 2-4.37 所示。

图 2-4.37 "中心医院"院报

（2）制作金新化工招聘启事，如图2-4.38所示。

图 2-4.38 "金新化工"招聘启事

项目 2.5 制作个人简历

【技能目标】

通过本项目的学习，学生应掌握如何创建表格，学会创建表格的几种方法，熟练掌握表格行、列的设置及合并/拆分表格，掌握表格边框和底纹的设置、表格中数据对齐方式的设置，学会绘制斜线表头及表格套用样式的设置。

【效果展示】

个人简历表整体效果如图2-5.1所示。

图 2-5.1 个人简历表整体效果图

任务 2.5.1　创建表格

活动　个人简历表的创建

【效果展示】

创建的空表格如图 2-5.2 所示。

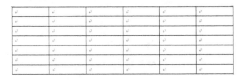

图 2-5.2　创建的空表格

【图示步骤】

Step 1　新建一空白文档，保存为"个人简历表.docx"。

Step 2　单击"插入"选项卡中的"表格"按钮，在其下拉列表中拖动鼠标选择"七行六列"表格，如图 2-5.3 所示。

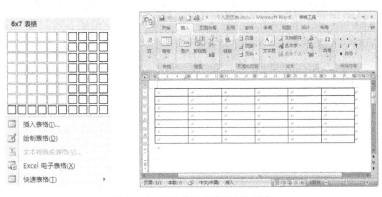

图 2-5.3　"表格"按钮下拉列表

【相关知识】

（1）除上述所示方法外，还可以用"插入表格"命令、"绘制表格"命令和"快速表格"命令来创建表格，如图 2-5.4 所示。上述方法是通过移动鼠标完成表格的创建的，方法便捷但一次只能创建最多 10 列 8 行的表格，一般创建表格时都通过这种方法和"插入表格"命令来完成；"插入表格"是通过设置对话框创建的（如图 2-5.5 所示）；"绘制表格"主要用于表格创建以后的特殊应用或细节部分的调整；"快速表格"是插入基于一组预先设置好格式的表格模板（包括示例数据）。

图 2-5.4　"插入表格""绘制表格""快速表格"命令

图 2-5.5　"插入表格"对话框

（2）在文档中插入表格后，会自动激活功能区中的"表格工具"，包括"设计"和"布局"两个选项卡。"设计"选项卡主要对表格的外观、样式进行设计，如图 2-5.6 所示。

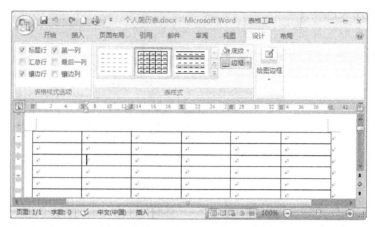

图 2-5.6 "表格工具/设计"选项卡被激活

（3）"布局"选项卡提供了表格格式的一些选项，对表格的布局进行编辑，还可以进行数据的计算，如图 2-5.7 所示。

图 2-5.7 "表格工具/布局"选项卡

任务 2.5.2 编辑表格

活动 个人简历表的编辑

【效果展示】

个人简历表的编辑效果如图 2-5.8 所示。

姓名		性别		出生年月		照片
籍贯		民族		身高		
专业		健康状况		政治面貌		
毕业学校				学历		
通信地址				邮政编码		
教育情况						
专业特长						

图 2-5.8 个人简历表的编辑效果图

【图示步骤】

Step 1 将鼠标定位在第一列的任意单元格内。

Step 2 单击"布局"选项卡，在"表"组中单击"选择"按钮，在其下拉列表中单击"选择列"命令，如图 2-5.9 所示。

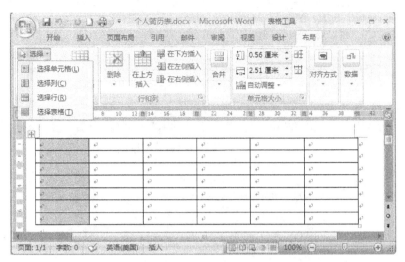

图 2-5.9 选择表格的第一列

【应用拓展】

将鼠标移至某列上边框上，当鼠标变成"↓"时，单击也可快速选中该列。

【相关知识】

（1）"选择"按钮中的"选择单元格""选择行""选择表格"命令可进行相应单元格、行、整个表格的选择。同样也可以用鼠标单击相应位置进行快速选择。

（2）选择连续和不连续的单元格、行、列的方法与文本选择类似，可以自行练习。

Step 3 单击"行和列"组的"在左侧插入"按钮，此时在刚选中的第一列的左边插入一新列，该表变成一个七行七列的表格，如图 2-5.10 所示。

图 2-5.10 在左侧插入一空白新列

【相关知识】

插入新行是直接在所选行上方插入新行，利用"删除"按钮删除所选行、列、单元格及整个表格，如图 2-5.11 所示。

Step 4 选中需要合并的单元格，在"合并"组中选择"合并单元格"按钮，如图 2-5.12 所示，合并所有需要合并的单元格后，在表格的相应位置输入文字，如图 2-5.13 所示。

图 2-5.11 插入行及"删除"按钮

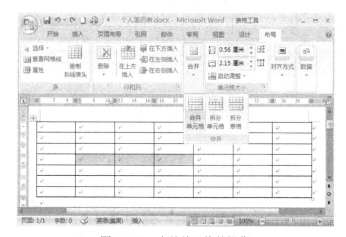

图 2-5.12 合并单元格的操作

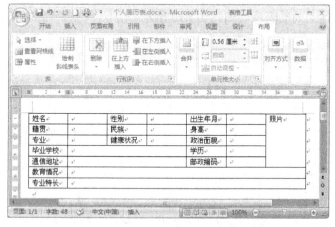

图 2-5.13 合并单元格并输入文字后的效果

【相关知识】

表格内容的移动、复制与删除操作与文本的相应操作类似，可以自行练习。

任务 2.5.3　修饰表格

活动　个人简历表的修饰

【效果展示】

个人简历表修饰效果如图 2-5.14 所示。

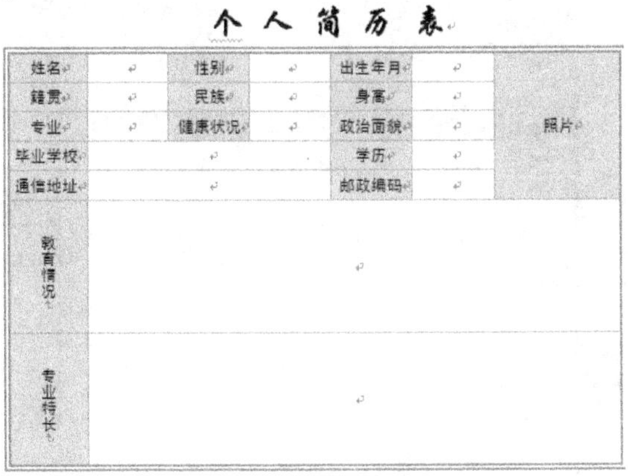

图 2-5.14 个人简历表修饰效果图

【图示步骤】

Step 1 设置行高。选中 1～5 行，在"单元格大小"组中设置高度为"0.64 厘米"，用同样的方法设置 6～7 行高度为"3 厘米"，如图 2-5.15 所示。

图 2-5.15 设置行高

【相关知识】

对规范的列可以用同样的方法进行设置。不规范的列可以打开"表"组中的"属性"按钮，在"表格属性"对话框中进行设置。

Step 2 设置列宽。选中 1～5 列，打开"表格属性"对话框，选择"列"标签，选中"指定宽度"复选框，输入列宽"1.9 厘米"，用同样方法选中最后一列重新设置列宽为"3 厘米"，如图 2-5.16 所示。

Step 3 插入标题。将光标定位于第一行第一列单元格文本的最前面，按【Enter】键，在表格前面插入一空行，在空行中输入标题"个 人 简 历 表"。

图 2-5.16　利用"表格属性"对话框设置列宽

Step 4　设置表格中字体格式为黑体、五号，标题为华文行楷、二号、加粗、居中，如图 2-5.17 所示。

图 2-5.17　设置表格中文字格式

Step 5　设置文字方向。选中"教育情况""专业特长"所在的单元格，选择"布局"选项卡"对齐"方式下拉列表中的"文字方向"按钮，文字方向会自动切换为"垂直"方式，如图 2-5.18 所示。

图 2-5.18　设置文字方向

Step 6　设置单元格的对齐方式。选中所有单元格中的文字，单击"对齐方式"组中的"水平居中"按钮，如图 2-5.19 所示。

图 2-5.19　设置文字的对齐方式

Step 7　设置表格的底纹。选中表格中所有文字，单击"表格工具/设计"选项卡，在"表样式"组中单击"底纹"按钮，在其下拉列表中选择"白色，背景 1，深色 15%"样式，如图 2-5.20 所示。

> **提示**
> 在 Word 2007 中对表格进行"边框和底纹""插入图片"的设置操作，同任务 2.3.3 及任务 2.4.3 中所介绍的对文字设置边框和底纹、在文档中插入图片的操作类似。

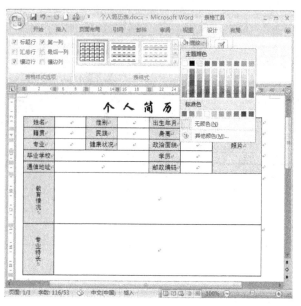

图 2-5.20 单击"底纹"按钮展开的下拉列表

Step 8 设置表格的边框。选中整个表格，在"设计"选项卡"表样式"组中单击"边框"按钮，在其下拉列表中选择"边框和底纹"命令行，如图 2-5.21 所示，在弹出的对话框中进行设置。外边框选择线型为"双线"，颜色为"茶色，背景 2，深色 50%"，宽度为 1.5 磅，选择设置项中的"方框"。再选择"自定义"设置项，内边框选择线型为"单实线"，颜色为"茶色，背景 2，深色 25%"，宽度为 1.0 磅，单击"预览"区域中的水平边框和垂直边框按钮，选择"应用于"下拉列表框中的"表格"命令，单击"确定"按钮，如图 2-5.22 所示。

图 2-5.21 "边框"按钮下拉列表

图 2-5.22 边框选项卡设置内外边框

Step 9 在右上角单元格中插入照片。选中右上角单元格后，插入的方法参见任务 2.4.3。

提示

在如图 2-5.22 所示"边框和底纹"对话框右下角的"应用于"下拉列表中，有四个选项——文字、段落、单元格、表格，请尝试这四种"应用于"的效果，观察其应用结果的不同。

【相关知识】

绘制斜线表头：将光标定位在要插入斜线表头的单元格内，单击"表格工具/布局"选项卡中的"绘制斜线表头"按钮，在"插入斜线表头"对话框中选择合适的"表头样式""字体大小"，输入所需的"行标题""列标题"，可通过"预览"框来预览表头，单击"确定"按钮完成绘制，如图 2-5.23 所示。

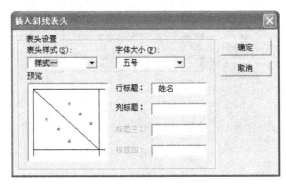

图 2-5.23 "插入斜线表头"对话框

任务 2.5.4 表格的套用样式

活动 个人简历表的样式套用

【效果展示】

"个人简历表"套用格式的效果如图 2-5.24 所示。

图 2-5.24 "个人简历表"套用格式效果图

【图示步骤】

Step 1 将光标定位于"个人简历表"中，选择"表格工具/设计"选项卡，在"表样式"下拉列表组中选择"中等深浅网络 1-强调文字颜色 2"样式，如图 2-5.25 所示。

Step 2 保存该文件。

【相关知识】

在"表样式"组中可以修改选定的表格样式、清除表格样式、新建表格样式。利用表格的套用样式能够快速制作出美观大方的表格。

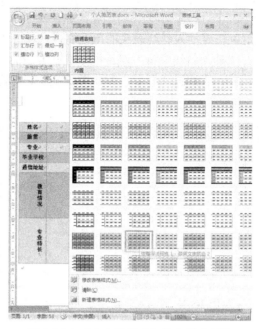

图 2-5.25 "个人简历表"的表样式套用

项目小结

本项目通过四个活动完成了个人简历表的制作,其中详细介绍了创建表格的几种方法和它们的应用特点,介绍了表格的具体编辑、修饰操作,如合并单元格,设置表格行高、列宽、文字方向、单元格的对齐方式,给表格加边框、底纹等,最后简单介绍了表格的套用样式。

项目实训

(1)制作"一级护理"表,如图 2-5.26 所示。
(2)某机电一体化综合实训考核设备工件装配单元表,如图 2-5.27 所示。

住院患者基础护理服务项目
(试 行)

一、一级护理

A.患者生活不能自理		
项目	项目内涵	备注
(一)晨间护理	1、整理床单位	1次/日
	2、面部清洁和梳头	
	3、口腔护理	
(二)晚间护理	1、不理床单位	1次/日
	2、面部清洁	
	3、口腔护理	
	4、会阴护理	
	5、足部清洁	
B.患者生活部分自理		
项目	项目内涵	备注
(一)晨间护理	1、整理床单位	1次/日
	2、协助面部清洁和梳头	
(二)晚间护理	1、协助面部清洁	1次/日
	2、协助会阴护理	
	3、协助足部清洁	

图 2-5.26 "一级护理"表效果图

图 2-5.27 工件装配单元表效果图

（3）制作课程表，如图 2-5.28 所示。

课程表	星期 节课		星期一	星期二	星期三	星期四	星期五
	上午	1	数学	英语	英语	语文	语文
		2	计算机	数学	英语	语文	英语
		3	语文	企管	礼仪	英语	数学
		4	数学	数据库	语文	体育	餐饮
	下午	5	政治	餐饮	企管	数据库	计算机
信息一班		6	英口	体育	政治	英口	计算机
		7	班会	自习	自习	自习	自习

图 2-5.28　课程表效果图

（4）制作企业发文单，如图 2-5.29 所示。

密级：

签发人：	规范审核	核稿人：
	经济审核	核稿人：
	法律审核	核稿人：
主办单位：	拟 稿 人	
	审 稿 人	
会签：	共打印　　份，其中文　　份；附件　　份	
	缓　急：	
标题：		
发文　　字〔　　〕第　　号　　年　　月　　日		
附件：		
主送：		
抄报：		
抄送：		
抄发：		
打字：　　　　校对：　　　　缮印：　　　　监印：		
主题词：		

图 2-5.29　企业发文单效果图

第二部分　综合操作

【工作情境】

在企业的日常管理工作中，王红作为一名文员，需要经常利用计算机撰写、排版和打印各种文档、报告、合同、信函、宣传手册等文字资料，或查找、修改、整理原有文档资料，以便为企业在市场销售、开发产品、决策管理等部门提供服务。因此，应用 Word 软件，熟练编辑和整理文档资料是现代办公中一种重要的技能。

【典型项目】“致家长的一封信”。

项目 2.6　更加自如地使用 Word 2007

【技能目标】

通过本项目的学习，学生应掌握如何利用模板文件中的样式、Word 2007 中已定义的样式及操作者自定义的样式，快速设置文档格式；学会设置邮件合并、编辑收件人列表，学会插入合并域，掌握批量生成一组有相同信息的文档的方法。

任务 2.6.1 对"致家长的一封信"使用不同的样式

活动一 样式应用

【效果展示】

"致家长的一封信"效果如图 2-6.1 所示。

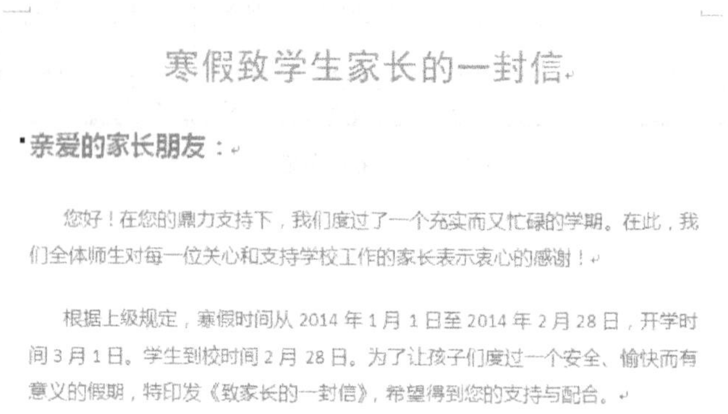

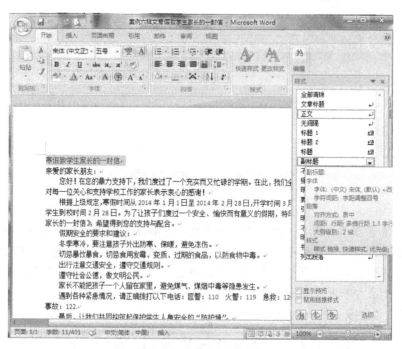

寒假致学生家长的一封信

亲爱的家长朋友：

您好！在您的鼎力支持下，我们度过了一个充实而又忙碌的学期。在此，我们全体师生对每一位关心和支持学校工作的家长表示衷心的感谢！

根据上级规定，寒假时间从 2014 年 1 月 1 日至 2014 年 2 月 28 日，开学时间 3 月 1 日。学生到校时间 2 月 28 日。为了让孩子们度过一个安全、愉快而有意义的假期，特印发《致家长的一封信》，希望得到您的支持与配合。

图 2-6.1 样式应用效果图

【图示步骤】

Step 1 打开素材文件"致家长的一封信"。

Step 2 选中第一行文本，在"开始"选项卡的"样式"组中单击右下角的对话框启动器按钮，弹出"样式"对话框，从中选择"文章标题"样式，如图 2-6.2 所示。

图 2-6.2 "样式"对话框

Step 3 选中文档的第 2 行文本，单击"开始"选项卡"样式"组中的"快速样式"下拉按钮，在下拉列表中选择"标题 2"，如图 2-6.3 所示。

Step 4 在"样式"对话框中单击"管理样式"按钮，如图 2-6.4 所示，弹出"管理样式"对话框，单击其下方的"导入/导出"按钮，如图 2-6.5 所示，打开"管理器"对话框。

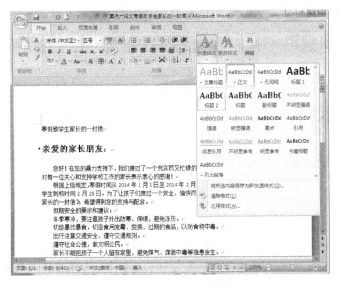

图 2-6.3　应用快速样式

图 2-6.4　"样式"对话框

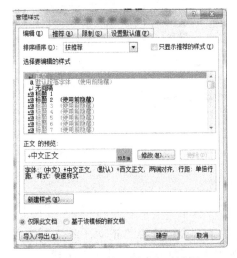

图 2-6.5　"管理样式"对话框

Step 5　在弹出的"管理器"对话框的"样式"选项卡下，单击右侧"在 Normal 中"列表下方的"关闭文件"按钮，如图 2-6.6 所示，则该按钮变为"打开文件"按钮，如图 2-6.7 所示。

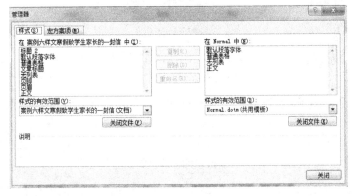

图 2-6.6　"管理器"对话框

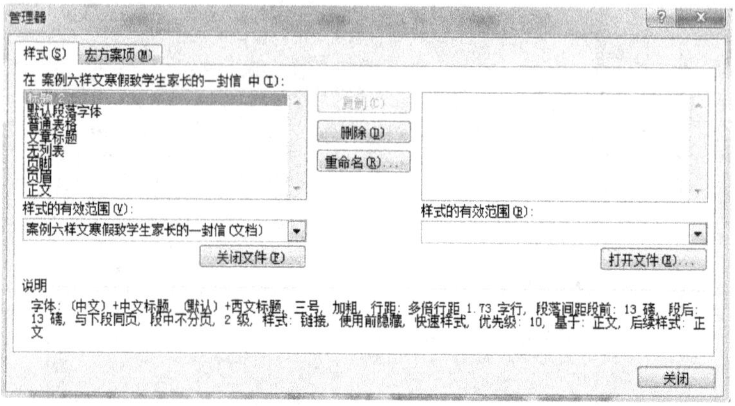

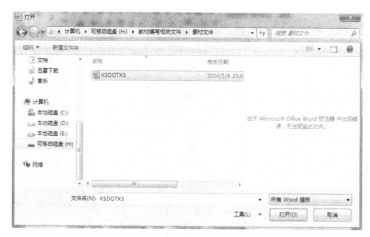

图 2-6.7　单击"关闭文件"按钮后

Step 6　单击"打开文件"按钮，打开"打开"对话框，按照指定路径选择"素材文件"文件夹下的 KSDOTX3.docx 文件，单击"打开"按钮，如图 2-6.8 所示，返回到"管理器"对话框。

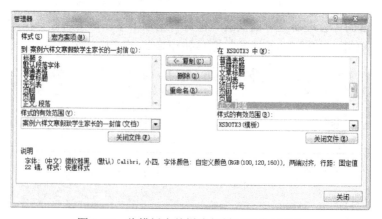

图 2-6.8　"打开"对话框

Step 7　在右侧列表中选择"正文，段落"样式，单击"复制"按钮，则可将模板中的样式复制到左侧的列表中，最后单击"关闭"按钮，如图 2-6.9 所示。

图 2-6.9　将模板中的样式复制到当前文档中

Step 8　选中正文的第 1～2 自然段，在已打开的"样式"对话框中选择"正文，段落"样式，则可将该样式应用于选中的文本。

活动二　修改"致家长的一封信"样式，并将修改后的样式应用于相应的段落

【效果展示】

"致家长的一封信"修改样式后的效果如图 2-6.10 所示。

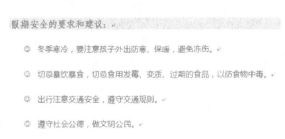

图 2-6.10　修改样式后的效果图

【图示步骤】

Step 1　在"样式"对话框中，单击"重点正文"下拉列表中的"修改"选项，如图 2-6.11 所示，弹出"修改样式"对话框。

Step 2　在"修改样式"对话框中设置"样式基准"为"正文"，再单击下方的"格式"按钮，在弹出的快捷菜单中选择"字体"选项，如图 2-6.12 所示。

图 2-6.11　"重点正文"样式快捷菜单

图 2-6.12　"修改样式"对话框

Step 3　在"字体"对话框中设置"仿宋、加粗、小四"，单击"确定"按钮返回"修改样式"对话框，如图 2-6.13 所示。

Step 4　再次单击"修改样式"对话框下方的"格式"按钮，在弹出的快捷菜单中选择"边框"选项，如图 2-6.12 所示，在弹出的"边框和底纹"对话框中设置底纹，图案样式选择"10%"，如图 2-6.14 所示。

Step 5　单击"修改样式"对话框下方的"格式"按钮，在弹出的快捷菜单中选择"段落"选项，如图 2-6.12 所示，在弹出的"段落"对话框中设置行距为"固定值""18 磅"，如图 2-6.15 所示，单击"确定"按钮。

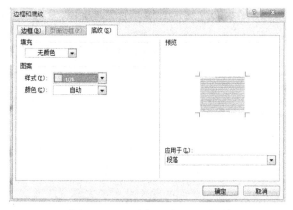

图 2-6.13 "字体"对话框　　　　　　　　图 2-6.14 "边框和底纹"对话框

Step 6　选中正文第 3 段，在"样式"对话框中选择"重点正文"选项，则可完成对该样式的应用。

Step 7　在"样式"对话框中，单击"项目符号"样式下拉列表旁的箭头按钮，在打开的快捷菜单中选择"修改"选项，则弹出"修改样式"对话框。

Step 8　在"修改样式"对话框下方的"格式"选项区域设置字体为微软雅黑，深红色。单击该对话框下方的"格式"按钮，在弹出的快捷菜单中选择"编号"选项，如图 2-6.16 所示，则弹出"编号和项目符号"对话框。

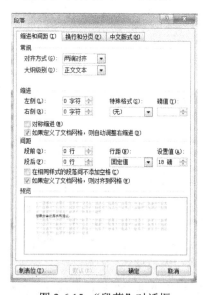

图 2-6.15 "段落"对话框　　　　　　　图 2-6.16 "项目符号"的"修改样式"对话框

Step 9　打开"编号和项目符号"对话框中的"项目符号"选项卡，如图 2-6.17 所示单击"定义新项目符号..."按钮，在打开的"定义新项目符号"对话框中单击"符号..."按钮，打开"符号"对话框选择"☺"，单击"确定"按钮返回"定义新项目符号"对话框，再单击"确定"按钮，则完成该样式的修改。

Step 10　选中正文 4~9 段，在"样式"对话框中选择"项目符号"选项，则完成对该样式的应用。

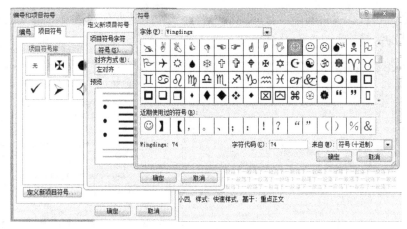

图 2-6.17　定义新项目符号

活动三　新建样式，并将所建样式应用于"致家长的一封信"相应的段落中

【效果展示】

应用新建样式后的效果如图 2-6.18 所示。

【图示步骤】

Step 1　在"样式"对话框中，单击 "新建样式"按钮，如图 2-6.19 所示，则弹出"根据格式设置创建新样式"对话框。

图 2-6.18　应用新建样式后的效果图

图 2-6.19　"样式"对话框

Step 2　在"根据格式设置创建新样式"对话框中，进行相应的设置，如图 2-6.20 和图 2-6.21 所示。

Step 3　选中正文 10～11 段，在"样式"对话框中选择"段落样式 1"样式，则可完成对该样式的应用。

【相关知识】

样式是经过特殊打包的格式的集合，是应用于文档中的文本、表格和列表的一套格式特征，能迅速改变文档的外观，从而大大提高工作效率，是针对文档中一组格式进行的定义。这些格式包括字体、字号、字形、段落间距、行间距等内容，其作用是方便对重复的格式进行快速设置，特别适合长文档的编辑。

图 2-6.20 "根据格式设置创建新样式"对话框

图 2-6.21 "段落"对话框

任务 2.6.2 邮件合并

活动 批量制作"致家长的一封信"

【效果展示】

生成的"致家长的一封信"如图 2-6.22 所示。

【图示步骤】

Step 1 创建主文档。单击"邮件"选项卡"开始邮件合并"组中的"开始邮件合并"按钮，在打开的下拉列表中选择"信函"文档类型，如图 2-6.23 所示。

Step 2 获取数据源。单击"开始邮件合并"组中的"选择收件人"按钮，在打开的下拉列表中选择"使用现有列表"选项，如图 2-6.24 所示，则打开"选取数据源"对话框，从中选择"素材文件"下的"学校通讯录"文件，单击"打开"按钮添加，如图 2-6.25 所示。

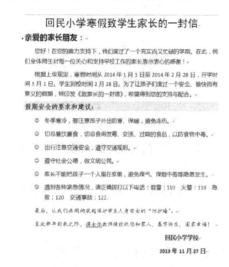

图 2-6.22 生成的"致家长的一封信"

图 2-6.23 创建主文档

图 2-6.24 选择收件人列表

图 2-6.25 "选取数据源"对话框

Step 3 在打开的"选择表格"对话框中选中"Sheet1$"工作表,单击"确定"按钮,如图 2-6.26 所示。

图 2-6.26 "选择表格"对话框

Step 4 插入合并域。将光标定位在文本"寒假"前面,在"邮件"选项卡的"编写和插入域"组中单击"插入合并域"按钮,在其下拉列表中选择需要的合并项"学校名称",如图 2-6.27 所示。

图 2-6.27 插入合并域

Step 5 插入"Word 域"。将光标定位在文章结尾的下一行,在"插入"选项卡的"文档"组中单击"文档部件"下拉按钮,从打开的下拉列表中单击"域"选项,如图 2-6.28 所示,弹出"域"对话框。

Step 6 在"域"对话框中进行如图 2-6.29 所示的设置,单击"确定"按钮,弹出"Microsoft Office Word"对话框。

图 2-6.28 "文档部件"下拉按钮

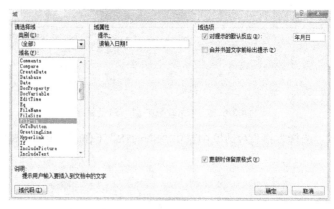

图 2-6.29 设置"域"对话框

图 2-6.30 "Microsoft Office Word"
对话框

Step 7 在弹出"Microsoft Office Word"对话框中的文本框里输入"2013 年 12 月 27 日",并单击该对话框中的"确定"按钮完成插入 Word 域操作,如图 2-6.30 所示。

Step 8 筛选出"学生人数"大于 1000 的记录。单击"邮件"选项卡"开始邮件合并"组中的"编辑收件人列表"按钮,弹出"邮件合并收件人"对话框。在"邮件合并收件人"对话框中,单击"调整收件人列表"区域中的"筛选"项,则弹出"筛选和排序"对话框,在该对话框中进行如图 2-6.31 所示的设置,设置完毕后单击"确定"按钮返回"邮件合并收件人"对话框,单击此对话框中的"确定"按钮,完成"学生人数"大于 1000 的记录筛选。

图 2-6.31 筛选出"学生人数"大于 1000 的记录

Step 9 合并邮件。在"邮件"选项卡的"完成"组中单击"完成并合并"按钮，在下拉列表中选择"编辑单个文档"选项，则弹出"合并到新文档"对话框，在该对话框中选择"全部"单选按钮并单击"确定"按钮，如图 2-6.32 所示，则弹出如图 2-6.30 所示的对话框，输入文本"2013 年 12 月 27 日"，单击"确定"按钮，分别输入三次即可完成邮件合并操作，并自动生成新文档"信函 1"。

图 2-6.32　邮件完成合并

Step 10 将"信函 1"另存为"致家长一封信"，保存在自己的秘密文件夹中。

【应用拓展】

收件人可选择"键入新列表"项，建立一个新的地址列表，如图 2-6.33 所示。

图 2-6.33　新建地址列表

项目小结

本项目通过制作"致家长的一封信"，综合介绍了样式的应用、样式的修改、新建样式等快速设置文档格式的方法，以及邮件合并的方法与技巧。Word 2007 在 Word 2003 的基础上进行了多方面的改进，使其功能更加强大，使用起来更加方便。

项目实训

（1）给"就诊指南"设置相应的样式，并批量制作各医院的就诊指南，样文如图 2-6.34 所示。

图 2-6.34　"就诊指南"效果图

模块三 Excel 2007 应用篇

第一部分 基础应用

【工作情境】

在企业的日常管理工作中，王红经常需要收集与编制大量与生产、销售、人事、财务等相关的数据资料，还需要对这些数据资料进行统计分析，提炼出有价值的信息，编制数据分析报表或图表，以便分析数据，为领导做出业务决策提供数据支持。因此，应用 Excel 软件，熟练创建与编辑数据表格，编写公式以对数据进行计算，统计分析数据资料，多维度跟踪数据，以多种方式透视数据，并以生动直观的图表来显示数据，是现代企业文员的核心办公技能。它广泛地应用于办公、统计、财经、金融等众多领域。

项目 3.1 初识 Excel 2007

【技能目标】

通过本项目的学习，学生应熟练掌握如何启动和退出 Excel 2007，了解 Excel 2007 的工作界面，掌握工作簿、工作表、行标与列标、单元格、单元格地址、单元格区域等专用名词的含义和作用。

任务 3.1.1 Excel 2007 的启动与退出

活动 1 启动 Excel 2007

Excel 2007 的启动及退出方法有很多，本书仅介绍几种最常用的方法。

【图示步骤】

方法一：依次选择"开始"→"Microsoft Office"→"Microsoft Office Excel 2007"命令，如图 3-1.1 所示。

方法二：双击桌面上的"Microsoft Office Excel 2007"图标，如图 3-1.2 所示。

方法三：双击已有的 Excel 2007 文件图标，如图 3-1.3 所示。

图 3-1.1 开始菜单

图 3-1.2 桌面快捷方式

图 3-1.3 已有 Excel 2007 文件图标

活动 2 退出 Excel 2007

【图示步骤】

方法一：单击 Excel 2007 右上角的关闭按钮，如图 3-1.4 所示。

方法二：双击 Excel 2007 右上角的 Office 控制图标，如图 3-1.5 所示。

方法三：按【Alt +F4】组合键。

图 3-1.4　关闭按钮

图 3-1.5　Office 控制图标

任务 3.1.2　认识 Excel 2007 的工作界面

活动 1　认识 Excel 2007 功能区

Excel 2007 功能区由选项卡、逻辑组和命令三部分组成，如图 3-1.6 所示。

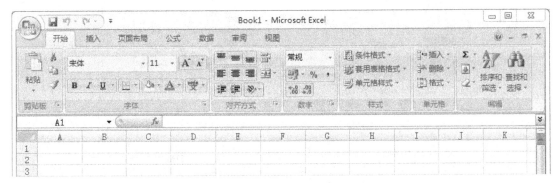

图 3-1.6　Excel 2007 功能区

选项卡：默认情况下，功能区顶部有七个选项卡。每个选项卡代表所执行的一组核心功能。

逻辑组：每个选项卡都包含多个逻辑组，各逻辑组完成一组相关的功能。

命令：命令为最小的功能单位，可完成一个特定的功能。

默认情况下，Excel 2007 并非显示所有命令。例如，如果工作表中没有图表，则不会显示与图表相关的命令。Excel 2007 中，可通过"插入"选项卡"图表"逻辑组中的按钮创建图表。然后，Excel 2007 中出现"图表工具"，其中包括"设计"及"布局"两个选项卡，如图 3-1.7 所示。

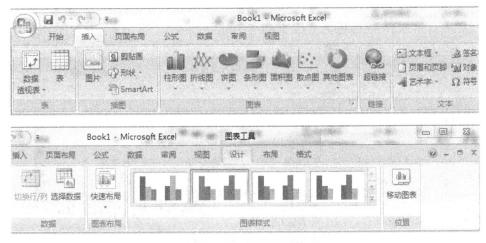

图 3-1.7　图表工具

如果需要，还可单击逻辑组底部的箭头 以获取更多选项，如图 3-1.8 所示。

图 3-1.8　选项菜单

活动 2　认识 Excel 2007 工作区

Excel 2007 工作区位于功能区的下方，是一个工作簿窗口，如图 3-1.9 所示。工作区包括单元格、行号、列号、滚动条、工作表标签、工作表标签滚动按钮等。

工作簿窗口组成元素的功能描述如表 3-1.1 所示。

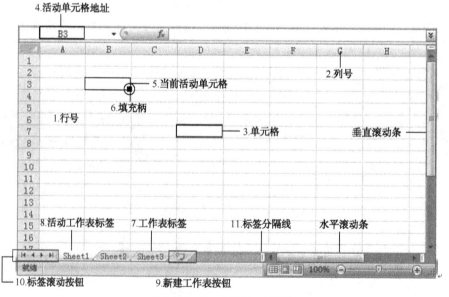

图 3-1.9　Excel 2007 工作区

表 3-1.1 工作簿窗口组成元素及其功能

序 号	名 称	功 能 描 述
1	行号	标记表格的行
2	列号	标记表格的列
3	单元格	工作表中由行与列交汇处所构成的方格，用于存储数据
4	活动单元格地址	当前活动单元格所处的列号+行号，用于公式中单元格的引用
5	当前活动单元格	鼠标选中的单元格即为当前活动单元格
6	填充柄	拖曳填充柄可以自动填充序列或复制单元格中的数据（或公式）
7	工作表标签	显示工作表的名称。用鼠标拖曳标签，可调整工作表的位置
8	活动工作表标签	当前操作的工作表的名称
9	新建工作表按钮	单击该按钮可新建工作表
10	标签滚动按钮	单击该按钮可左右移动工作表标签
11	标签分隔线	移动该线可增加或减少工作表标签显示的数目

任务 3.1.3 创建与修改上半年销售表

【相关知识】

1. 工作表的行、列、单元格

在工作表中，列从上至下垂直排列，行从左向右水平排列，行和列交叉的区域便是单元格，如图 3-1.10 所示。

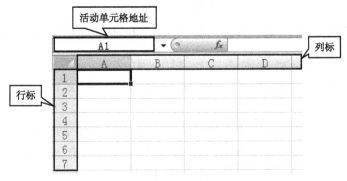

图 3-1.10 工作表中的行、列、单元格

（1）列：每一列顶部都会显示一个字母标题，即列标。前 26 列的字母为字母 A～Z。在 Z 列后，列标以双字母形式开始编号，AA，…，AZ，BA，…，BZ，ZA，…，ZZ，AAB，…，AAZ，…依次类推，直至 XFD，共 16384 列。

（2）行：每一行左侧都会显示一个阿拉伯数字，即行标。行标用从 1～1048576 的数字表示。

（3）单元格：单元格是工作表中的最小单位。单元格所在列的列标、所在行的行标共同构成单元格的地址。单击某个单元格时，该单元格即为活动单元格，其列标和行标将显示在工作区左上角。

2. 单元格、单元格区域的选定

（1）单一单元格的选定：单击该单元格所在位置。

（2）连续单元格区域的选定：单击该区域中的第一个单元格，然后拖至最后一个单元格。

（3）较大的连续单元格区域的选定：单击该区域中的第一个单元格，然后在按住【Shift】键的同时单击该区域的最后一个单元格。

（4）工作表中所有单元格的选定：单击工作区左上角的"全选"按钮，或按【Ctrl+A】组合键。

（5）不相邻单元格（或单元格区域）的选定：选择第一个单元格（或单元格区域），然后在按住【Ctrl】键的同时选择其他单元格（或单元格区域）。

（6）整行或整列的选定：单击行标或列标。

（7）相邻行或列的选定：在行标或列标间拖动鼠标，或选择第一行或第一列，然后在按住【Shift】键的同时选择最后一行或最后一列。

（8）不相邻行或列的选定：选择第一行或第一列，然后在按住【Ctrl】键的同时选择其他行或列。

活动 1　新建工作簿、工作表

本活动要求新建一个名为"上半年销售表.xlsx"的工作簿，该工作簿共有六张工作表，名称分别为 1 月、2 月、……、6 月。

【图示步骤】

Step 1　启动 Excel 2007，新建一个工作簿，单击窗口左上角的 Office 图标，选择"保存"命令，选择工作簿的保存路径，将文件命名为"上半年销售表"，文件类型不做修改（默认为.xlsx）。操作完成后，标题栏名称自动变为"上半年销售表"，如图 3-1.11 所示。

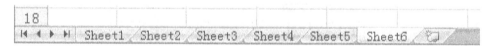

图 3-1.11　标题栏

Step 2　单击新建工作表按钮，新建三个工作表：Sheet4、Sheet5、Sheet6，如图 3-1.12 所示。

图 3-1.12　工作表标签

Step 3　单击 Sheet1 工作表标签，使 Sheet1 成为当前活动工作表。右击，在弹出的快捷菜单中选择"重命名"命令（如图 3-1.13 所示），将工作表名称"Sheet1"改为"1 月"。

Step 4　按同样的方式，将其他五个工作表分别改为：2 月、3 月、……、6 月。操作完成后，工作表标签如图 3-1.14 所示。

图 3-1.13　工作表标签快捷菜单

图 3-1.14　重命名后的工作表标签

活动2 在工作表中录入内容

本活动要求在名称为"1月"的工作表A1:E6单元格区域中录入如图3-1.15所示的内容。

	A	B	C	D	E	F
1	序号	日期	业务员	产品名称	数量	单价
2	001	2012年1月4日	程小梅	电视机	2	2300
3	002	2012年1月4日	周程	电冰箱	5	2550
4	003	2012年1月5日	刘志强	空调	2	3500
5	004	2012年1月7日	程思思	洗衣机	3	2540
6	005	2012年1月8日	张天义	热水器	2	2550

图3-1.15 工作表内容

【图示步骤】

Step 1 单击Sheet1工作表标签,使Sheet1成为当前活动工作表。

Step 2 单击工作表中第一列第一行,使A1成为当前活动单元格,输入"序号",然后,依次在相应单元格内输入所有内容。

Step 3 将B列数字格式修改为短日期格式,如2012/1/4。

Step 4 输入完成后,保存工作簿。创建完成的"上半年销售表"效果如图3-1.16所示。

	A	B	C	D	E	F
1	序号	日期	业务员	产品名称	数量	单价
2	001	2012/1/4	程小梅	电视机	2	2300
3	002	2012/1/4	周程	电冰箱	5	2550
4	003	2012/1/5	刘志强	空调	2	3500
5	004	2012/1/7	程思思	洗衣机	3	2540
6	005	2012/1/8	张天义	热水器	2	2550

图3-1.16 "上半年销售表"效果图

【相关知识】

单元格可以存放数值、字符串、日期、公式、函数,甚至是声音或图形。本例中A列的"001"不是数值而是字符串。在输入此类带前导零的数字字符串时前面应加"'",或先将单元格数字格式设置为"文本"后再输入数据。值得注意的是,在输入邮编、电话、身份证号码等数据时,均应将单元格数字格式设置为"文本"。

设置单元格数字格式的方法:首先选中单元格,然后单击"数字"功能组下拉列表中相应的数字格式。如未找到合适的数字格式,可单击"其他数字格式"命令,如图3-1.17和图3-1.18所示。

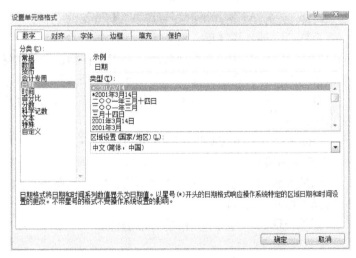

图3-1.17 快速设置单元格数字格式　　　图3-1.18 利用对话框设置单元格数字格式

【应用拓展】

上例中 A2:A6 单元格中的数据为有序数据，还可将鼠标移至 A2 单元格右下角，鼠标变成十字形，此时为填充柄状态，向下拖曳填充柄至 A6 单元格，自动填充内容。

活动 3　插入一行新数据

本活动要求在第 6 行前插入一行新数据。插入后的效果如图 3-1.19 所示。

	A	B	C	D	E	F
1	序号	日期	业务员	产品名称	数量	单价
2	001	2012/1/4	程小梅	电视机	2	2300
3	002	2012/1/4	周程	电冰箱	5	2550
4	003	2012/1/5	刘志强	空调	2	3500
5	004	2012/1/7	程思思	洗衣机	3	2540
6	005	2012/1/8	程小梅	电视机	1	2200
7	006	2012/1/8	张天义	热水器	2	2550

图 3-1.19　插入一行新数据后的工作表

【图示步骤】

方法一：插入新的一行。

Step 1　单击行标题"6"，右击，在弹出的快捷菜单中（如图 3-1.20 所示）选择"插入"命令，即插入一空白行，如图 3-1.21 所示。

图 3-1.20　单击行号后的快捷菜单

	A	B	C	D	E	F
1	序号	日期	业务员	产品名称	数量	单价
2	001	2012/1/4	程小梅	电视机	2	2300
3	002	2012/1/4	周程	电冰箱	5	2550
4	003	2012/1/5	刘志强	空调	2	3500
5	004	2012/1/7	程思思	洗衣机	3	2540
6						
7	005	2012/1/8	张天义	热水器	2	2550

图 3-1.21　插入一空白行

Step 2　录入新的第 6 行数据。

Step 3　将 A7 单元格内容修改为"006"。

方法二：插入连续单元格。

Step 1　选中 B6:E6 单元格后，右击，在弹出的快捷菜单中选择"插入"命令，弹出如图 3-1.22 所示的"插入"对话框。

Step 2　选择"活动单元格下移"选项后，即插入了新的连续空白单元格。

Step 3　录入 B6:E6 及 A7 单元格数据。

【应用拓展】

如插入新的一列，只需选中列标后，右击，在弹出的快捷菜单中选择"插入"命令。

删除一行、一列或单元格的方法类似。

图 3-1.22　"插入"对话框

项目小结

通过本项目的学习，我们掌握了 Excel 2007 几种常用的启动和退出方法，了解了 Excel 2007 功能区和工作表的基本操作方法，理解了工作簿、工作表、行标与列标、单元格、单元格地址、单元格区域等名词的含义和作用，学会了单元格和工作表的基本操作。在后续的项目中，我们将更深入地学习 Excel 2007 的强大功能。

项目实训

（1）创建并保存"员工资料表"，如图 3-1.23 所示。

	A	B	C	D	E	F	G
1	员工资料表						
2	员工编号	姓名	部门	出生日期	学历	职务	联系电话
3	00787	李思思	工程部	1964年1月31日	本科	工程师	13314747378
4	00788	李万华	项目部	1968年2月1日	本科	工程师	15848452642
5	00789	贺瑞	售楼部	1974年6月2日	大专	销售顾问	15374698188
6	00790	宋鹏	售楼部	1983年11月20日	大专	销售顾问	13694746566
7	00791	杨树英	售楼部	1986年12月4日	大专	销售顾问	13214042958
8	00792	韩齐	后勤部	1974年11月3日	大专	职员	13947400296
9	00793	渠小芳	工程部	1988年5月6日	大专	职员	15849446402
10	00794	李燕	工程部	1980年7月12日	大专	职员	13472382885
11	00795	韩齐	工程部	1977年9月11日	大专	职员	13948749822
12	00796	渠小芳	人事部	1981年10月24日	大专	职员	15540016070

图 3-1.23 员工资料表

（2）在 Sheet1 工作表表格标题行下方插入一空行，将表格中的"人事部"行与"后勤部"行对调。

（3）在 F 列与 G 列之间插入一列，列名称为"政治面貌"。

（4）将 Sheet1 工作表的名称更改为"基本资料"。

（5）将"出生日期"列的数字格式设置为"短日期"，如 1964/1/31；将"联系电话"列的数字格式设置为"文本"。

项目 3.2 学生成绩表的制作

【技能目标】

通过本项目的学习，学生应熟练掌握如何利用 Excel 2007 创建学生成绩表，掌握如何利用填充柄快速填充数据，并对表格进行格式化设置，包括单元格格式设置、表格设置、条件格式设置。

任务 3.2.1 数据录入

活动 1 利用填充柄快速填充序列数据

本活动中的"学号"为序列数据，本活动的目的是利用填充柄快速地填充"学号"。

【图示步骤】

Step 1 新建一个名称为"学生成绩表"的 Excel 2007 工作簿，将 Sheet1 重命名为"期末"。

Step 2 录入表格 A1:G2 单元格的内容，其中：第一行为表格标题，第二行为列标题。

Step 3 录入 A3 单元格内容"X201201001"后，向下拖曳填充柄至 A9 单元格，自动填充"学号"列，如图 3-2.1 所示。

图 3-2.1 填充"学号"列

活动 2 利用填充柄快速复制内容

本活动中"班级"为相同的内容，本活动的目的是利用填充柄快速复制内容。

【图示步骤】

Step 1 录入 C3 单元格的内容"计算机 1 班"后，向下拖曳填充柄至 C9 单元格，则自动按序列填充"班级"列。

Step 2 单击弹出的"自动填充选项"按钮，如图 3-2.2 所示，修改为"复制单元格"， 即完成了内容复制，效果如图 3-2.3 所示。

图 3-2.2 "自动填充选项"按钮

图 3-2.3 利用填充柄复制单元格

活动 3 录入其他数据后保存

【图示步骤】

Step 1 录入表格的其他内容后，完成效果如图 3-2.4 所示。

Step 2 核对每名学生的各科成绩无误后，按原文件名保存。

图 3-2.4 录入内容后的效果图

任务 3.2.2 单元格格式、行高、列宽的设置

活动 1 设置单元格字体

本活动要求将表格标题设置为黑体、20 号、加粗，列标题设置为新宋体、16 号、加粗、茶色背景。

【相关知识】

单元格字体设置：通过功能区"开始"选项卡的"字体"逻辑组，可以方便快捷地设置字体格式。这些设置与 Word 2007 中的设置几乎相同。与 Word 2007 不同的是，Excel 2007 不支持中文字号，只支持磅值。

【图示步骤】

Step 1 选中 A1 单元格，通过"开始"选项卡的"字体"逻辑组（如图 3-2.5 所示），将 A1 单元格设置为黑体、20 号、加粗。

Step 2 选中 A2:G2 单元格，打开"设置单元格格式"对话框"字体"选项卡（如图 3-2.6 所示），将 A2:G2 单元格设置为新宋体、16 号、加粗。打开"填充"选项卡，选择"茶色，背景 2"（如图 3-2.7 所示）。

Step 3 单击"确定"按钮后，效果如图 3-2.8 所示。

图 3-2.5 "字体"逻辑组

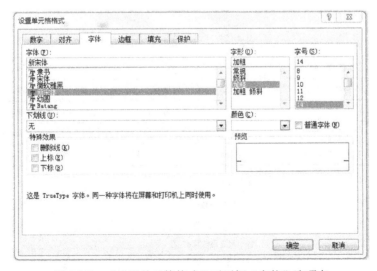

图 3-2.6 "设置单元格格式"对话框"字体"选项卡

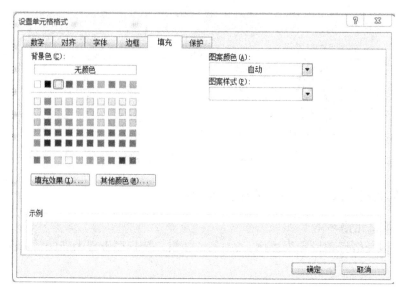

图 3-2.7　"设置单元格格式"对话框"填充"选项卡

	A	B	C	D	E	F	G
1	学生期末考试成绩表						
2	学号	姓名	班级	性别	英语	Photoshop	VB
3	X201201001	李辉	计算机1班	女	89	88	80
4	X201201002	张明	计算机1班	男	88	87	87
5	X201201003	吴建军	计算机1班	男	82	84	81
6	X201201004	何强	计算机1班	女	90	76	79
7	X201201005	赵海明	计算机1班	女	85	68	66
8	X201201006	刘强	计算机1班	男	65	75	60
9	X201201007	陈志朋	计算机1班	男	78	89	85

图 3-2.8　设置单元格字体后的效果

活动 2　设置单元格对齐方式

本活动要求将表格标题合并后居中对齐，其他单元格内容居中对齐。

【相关知识】

单元格对齐方式：通过功能区"开始"选项卡的"对方方式"逻辑组，可以设置单元格对齐方式。各对齐方式按钮如表 3-2.1 所示。

表 3-2.1　单元格对齐方式

按 钮 图 标	对 齐 方 向	对齐方式及作用
	垂直方向	依次为：顶端对齐、垂直居中、底端对齐
	水平方向	依次为：水平左对齐、水平居中、水平右对齐
	任意	单击后，打开"文字方向"列表（如图 3-2.9 所示），可从中任选一方向
	水平方向	用于设置文字的缩进

图 3-2.9　"文字方向"列表

还可通过单击"对齐方式"右下角的"单元格格式"按钮，打开"设置单元格格式"对话框的"对齐"选项卡（如图 3-2.10 所示），获得更多功能。各对齐方式示例如图 3-2.11 所示。

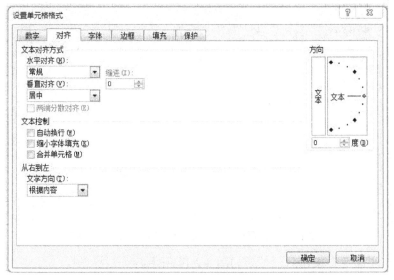

图 3-2.10 "设置单元格格式"对话框"对齐"选项卡

图 3-2.11 各对齐方式示例

【图示步骤】

Step 1 选中 A1:G1 单元格，通过 "开始"选项卡"对齐方式"逻辑组（如图 3-2.12 所示），将 A1:G1 合并为一个单元格，并居中显示。

图 3-2.12 "对齐方式"逻辑组

Step 2 选中第二行至第九行后，打开"设置单元格格式"对话框的"对齐"选项卡，将"水平对齐""垂直对齐"均修改为"居中"，如图 3-2.13 所示。

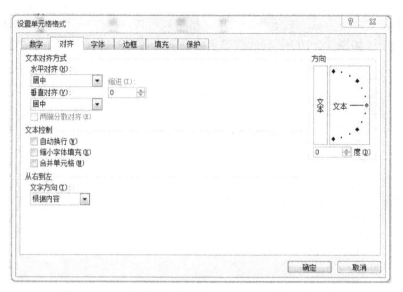

图 3-2.13 "设置单元格格式"对话框"对齐"选项卡

Step 3 单击"确定"按钮后，效果如图 3-2.14 所示。

	A	B	C	D	E	F	G
1			学生期末考试成绩表				
2	学号	姓名	班级	性别	英语	Photoshop	VB
3	X201201001	李辉	计算机1班	女	89	88	80
4	X201201002	张明	计算机1班	男	88	87	87
5	X201201003	吴建军	计算机1班	男	82	84	81
6	X201201004	何强	计算机1班	女	90	76	79
7	X201201005	赵海明	计算机1班	女	85	68	66
8	X201201006	刘强	计算机1班	男	65	75	60
9	X201201007	陈志朋	计算机1班	男	78	89	85

图 3-2.14 设置对齐方式后的文本效果

活动 3 调整行高、列宽

本活动要求将表格标题的行高、列宽调整成最合适的值，将表格 2～9 行的行高调整为 27.75 磅。

【相关知识】

1. 设置行高、列宽

（1）行高、列宽值不固定的调整方法。

将鼠标指针移动到要调整行高的分割线上，鼠标指针改变形状后，根据提示出的数值，垂直拖动鼠标即可改变行高。或双击鼠标，将按选定的行文字的大小自动调整成最适合的行高。调整列宽方法类似。

（2）行高、列宽值固定的调整方法在功能区"开始"选项卡中的"单元格"逻辑组中，单击"格式"按钮，打开"格式"菜单，如图 3-2.15 所示。

图 3-2.15 "格式"菜单

常用操作有：

① 选择"行高"命令，弹出"行高"对话框。在"行高"文本框中输入数值，单击"确定"按钮，将选定的行设置成固定的值。

② 选择"列宽"命令，弹出"列宽"对话框。在"列宽"文本框中输入数值，单击"确定"按钮，将选定的列设置成固定的值。

③ 选择"自动调整行高"命令，将按选定的行文字的大小自动调整成最适合的行高。

④ 选择"自动调整列宽"命令，将按选定的列文字的大小自动调整成最适合的列宽。

【图示步骤】

Step 1 选中第 1 行，将鼠标指针移动到第 1、2 行之间的分割线上后，双击，则第 1 行自动调整成最适合的行高。

Step 2 同时选中 A～G 列，按同样的方式将各列调整为最合适的宽度。

Step 3 同时选中第 2～9 行后，单击"开始"→"单元格"→"格式"→"行高"命令，在弹出的"行高"对话框中输入：27.75。

Step 4 单击"确定"按钮后，效果如图 3-2.16 所示。

学生期末考试成绩表						
学号	姓名	班级	性别	英语	Photoshop	VB
X201201001	李辉	计算机1班	女	89	88	80
X201201002	张明	计算机1班	男	88	87	87
X201201003	吴建军	计算机1班	男	82	84	81
X201201004	何强	计算机1班	女	90	76	79
X201201005	赵海明	计算机1班	女	85	68	66
X201201006	刘强	计算机1班	男	65	75	60
X201201007	陈志朋	计算机1班	男	78	89	85

图 3-2.16 调整行高、列宽后的效果图

【应用拓展】

如需将行高调整为固定值，还可先选中要调整行高的行，右击，在弹出的快捷菜单中选择"行高"命令。列宽的调整类似。

任务 3.2.3 表格边框、样式的设置

活动 1 设置表格边框

本活动是为表格添加单实线深蓝色边框，添加粗线黑色外边框。

【相关知识】

表格边框

单击"开始"选项卡"字体"逻辑组中 按钮右侧的下拉按钮，可打开"边框"菜单，如图 3-2.17 所示。表格边框的设置步骤如下。

（1）选择一种边框类型，将活动单元格或选定的数据区域设置成相应的格式。

（2）选择"线条颜色"命令，在打开的"线条颜色"菜单（如图 3-2.18 所示）中选择一种颜色，此时，指针会变成"笔"状，在工作表中拖动鼠标，鼠标所经过的边框会设置成相应的颜色。边框的线型为最近使用过的边框线型。

（3）选择"线型"命令，在打开的"线型"列表（如图 3-2.19 所示）中选择一种线型，指针会变成"笔"状，在工作表中拖动鼠标，鼠标所经过的边框会设置成相应线型。边框的颜色为最近使用过的边框颜色。

（4）选择"其他边框"命令，弹出如图 3-2.20 所示的"设置单元格格式"对话框"边框"选项卡，可按需要设置其他类型的边框。

图 3-2.17 "边框" 菜单

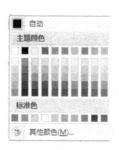

图 3-2.18 "线条颜色" 菜单

图 3-2.19 "线型" 列表

图 3-2.20 "设置单元格格式" 对话框 "边框" 选项卡

【图示步骤】

Step 1 选中 A2:G9 单元格，单击 "字体" 逻辑组中 ⊞ 按钮右侧的下拉列表，选择 "线条颜色" 后，选择 "深蓝色 文字 2"，单击 "确定" 按钮。

Step 2 选择 ⊞ 所有框线(A) 命令，为整个表格添加深蓝色边框后，如图 3-2.21 所示。

Step 3 选中 A2:G9 单元格，将 "线条颜色" 重新设置为 "黑色" 后，选择 ▭ 粗匣框线(T) 命令，为整个表格添加粗匣框线。完成效果如图 3-2.22 所示。

活动 2 套用表格样式

Excel 2007 提供了许多漂亮的预定义表格样式，可以套用表格样式为数据表轻松快速地进行美观设置。如果预定义的表样式不能满足需要，还可以创建并应用自定义的表格样式。

学生期末考试成绩表						
学号	姓名	班级	性别	英语	Photoshop	VB
X201201001	李辉	计算机1班	女	89	88	80
X201201002	张明	计算机1班	男	88	87	87
X201201003	吴建军	计算机1班	男	82	84	81
X201201004	何强	计算机1班	女	90	76	79
X201201005	赵海明	计算机1班	女	85	68	66
X201201006	刘强	计算机1班	男	65	75	60
X201201007	陈志朋	计算机1班	男	78	89	85

图 3-2.21　为整个表格添加单实线边框效果图

学生期末考试成绩表						
学号	姓名	班级	性别	英语	Photoshop	VB
X201201001	李辉	计算机1班	女	89	88	80
X201201002	张明	计算机1班	男	88	87	87
X201201003	吴建军	计算机1班	男	82	84	81
X201201004	何强	计算机1班	女	90	76	79
X201201005	赵海明	计算机1班	女	85	68	66
X201201006	刘强	计算机1班	男	65	75	60
X201201007	陈志朋	计算机1班	男	78	89	85

图 3-2.22　为整个表格添加粗匣框线效果图

本活动是利用 Excel 2007 中自带的样式对"学生成绩表"进行快速美观设置。

【图示步骤】

Step 1　选中 A2:G9 单元格，采用仅保留值的方式将表格复制到表格空白位置，如 A12:G19。

Step 2　单击"样式"逻辑组中的　按钮，在弹出的菜单中（如图 3-2.23 所示）选择"样式浅色 19"后，效果如图 3-2.24 所示。

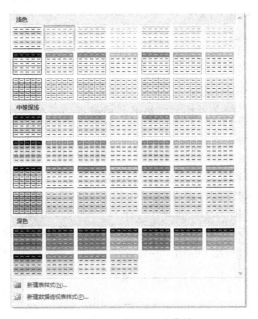

图 3-2.23　快速样式菜单

学号	姓名	班级	性别	英语	Photoshop	VB
X201201001	李辉	计算机1班	女	89	88	80
X201201002	张明	计算机1班	男	88	87	87
X201201003	吴建军	计算机1班	男	82	84	81
X201201004	何强	计算机1班	女	90	76	79
X201201005	赵海明	计算机1班	女	85	68	66
X201201006	刘强	计算机1班	男	65	75	60
X201201007	陈志朋	计算机1班	男	78	89	85

图 3-2.24　套用样式后的效果

任务 3.2.4　条件格式的设置

【相关知识】

Excel 2007 提供了条件格式功能，所谓条件格式是指当指定条件为真时，Excel 自动应用于单元格的格式，例如，单元格底纹或字体颜色。如果想为某些符合条件的单元格应用某种特殊格式，使用条件格式功能可以比较容易实现。如果再结合使用公式，条件格式就会变得更加有用。

活动 1　设置数据的条件格式

本活动是利用数据的条件格式，将各科成绩不及格（数据<60）的学生成绩用"浅红填充色深红色文本"特别标识。

【图示步骤】

Step 1　选中 E3:G9 单元格，单击"样式"逻辑组中 按钮下方的下拉列表，依次选择"突出显示单元格规则"→"小于"命令，弹出"小于"对话框。

Step 2　按如图 3-2.25 所示进行设置后单击"确定"按钮，完成效果如图 3-2.26 所示。

图 3-2.25　条件格式"小于"对话框的设置

学生期末考试成绩表						
学号	姓名	班级	性别	英语	Photoshop	VB
X201201001	李辉	计算机1班	女	89	88	80
X201201002	张明	计算机1班	男	88	87	87
X201201003	吴建军	计算机1班	男	82	84	81
X201201004	何强	计算机1班	女	90	76	79
X201201005	赵海明	计算机1班	女	85	68	66
X201201006	刘强	计算机1班	男	65	50	60
X201201007	陈志朋	计算机1班	男	78	89	85

图 3-2.26　设置条件格式后的效果图

活动 2　重新设置数据的条件格式

本活动是删除上例已设置的条件格式，将各科成绩低于学科平均成绩的学生成绩用"绿填充色深绿色文本"特别标识。

【图示步骤】

Step 1　删除上例已设置的条件格式。选中 E3:G9 单元格，依次选择 "条件格式"→"清除规则"→"清除所选单元格的规则"命令。

Step 2　设置"英语"成绩的条件格式。选中 E3:E9 单元格，依次选择 "条件格式"→"项目选取规则"→"低于平均值"命令，弹出"低于平均值"对话框。按如图 3-2.27 所示进行设置后单击"确定"按钮。

图 3-2.27　条件格式"低于平均值"对话框的设置

Step 3　按上述方法设置"Photoshop" 成绩、"VB"成绩的条件格式，也可使用格式刷快速设置，完成效果如图 3-2.28 所示。

图 3-2.28　重新设置条件格式后的效果图

项目小结

通过学生成绩表的制作，我们学习了如何利用填充柄快速完成数据录入，掌握了单元格格式、行高、列高的设置方法，学会了表格边框、样式的设置方法，以及条件格式的设置方法，掌握了 Excel 2007 表格的格式化操作方法和步骤。

项目实训

依次完成下列操作，完成"差旅费报销单.xlsx"表格的制作。

（1）新建一个工作簿，命名为"差旅费报销单"，在 A1:Q11 区域内录入相应的文字内容。

（2）格式化标题，将单元格区域 A1:P1 合并并居中，字体：宋体，加粗，字号：16 号，加下画线。

（3）选中单元格区域 A2:P2、A11:P11 进行设置，字体：华文新魏，字号：12 号。

（4）选中单元格区域 A3:P10 进行设置，字体：华文新魏，字号：12 号。

（5）选中 Q 列进行设置，字体：宋体，字号：10 号，红色，加粗。

（6）表格边框：将表格外边框设置为红色，粗边框，内部边框设置为红色，单线边框。

图 3-3.29　"差旅费报销单"效果图

项目 3.3　业务员销售业绩统计表的制作

【技能目标】

通过本项目的学习，学生应熟练掌握如何对数据进行排序，如何利用筛选功能进行数据查询，以及利用分类汇总功能进行数据的分类计算。

任务 3.3.1　对"业务员销售业绩统计表"进行排序

【相关知识】

在 Excel 应用中，经常要根据实际需要对数据进行排序。排序，简言之，就是根据某列或某几列的内容重新排列数据清单中的行。

活动 1　按"业务员姓名"排序

未排序的原表效果如图 3-3.1 所示，排序后的效果如图 3-3.2 所示。

| | 图 3-3.1　未排序的原表 | 图 3-3.2　按"业务员姓名"排序后效果图 |

【图示步骤】

Step 1　单击"业务员销售业绩统计表"数据清单中的任意一个单元格。

Step 2　单击"数据"选项卡上的"排序"按钮（或直接单击"开始"选项卡"编辑"功能区的"排序和筛选"按钮，选择"自定义排序"），弹出"排序"对话框。

Step 3　如图 3-3.3 所示，选中"数据包含标题"复选框，在"主要关键字"列表中选择"业务员姓名"，在"排序依据"中选择"数值"，在"次序"中选择"升序"。

图 3-3.3　"排序"对话框

选中"数据包含标题"复选框的目的在于：标题行不参与排序。

Step 4 单击"确定"按钮，即得到如图 3-3.2 所示的按"业务员姓名"排序后的效果。

【应用拓展】

如仅按单一字段排序，可先选取要排序的范围后，直接单击"数据"选项卡上的"升序按钮"
↓↑ 或"降序按钮" Z↓，进行快速排序。

活动 2 按"业务员姓名""数量""销售金额"三列排序

本活动要求先按"业务员姓名"升序排序，当"业务员姓名"相同时按"数量"降序排序，当"数量"相同时按"销售金额"降序排序。

【图示步骤】

Step 1 单击"业务员销售业绩统计表"数据清单中的任意一个单元格。

Step 2 单击"数据"选项卡上的"排序"按钮，弹出"排序"对话框。

Step 3 选中"数据包含标题"复选框，在"主要关键字"列表中选择"业务员姓名"，在"排序依据"中选择"数值"，在"次序"中选择"升序"。

Step 4 单击"添加条件"按钮添加一行排序条件，在"次要关键字"列表中选择"数量"，在"排序依据"中选择"数值"，在"次序"中选择"降序"。

Step 5 按上述方式，再添加一行排序条件"销售金额"，"次序"选择"降序"，如图 3-3.4 所示。

Step 6 单击"确认"按钮，完成效果如图 3-3.5 所示。

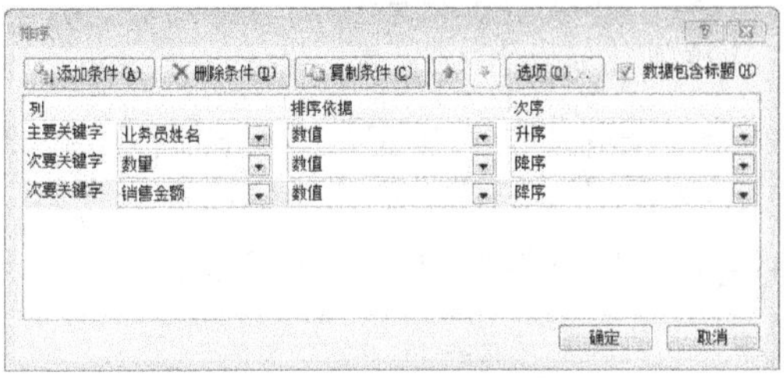

	A	B	C	D	E	F
2	日期	业务员	产品名称	数量	单价	销售金额
3	2013/10/10	程思思	热水器	2	3500	¥ 7,000.00
4	2013/10/5	程思思	热水器	2	2550	¥ 5,100.00
5	2013/10/15	程思思	热水器	2	2550	¥ 5,100.00
6	2013/10/2	程小梅	电冰箱	5	2550	¥ 12,750.00
7	2013/10/7	程小梅	电冰箱	4	2540	¥ 10,160.00
8	2013/10/12	程小梅	电冰箱	2	2540	¥ 5,080.00
9	2013/10/14	刘志强	洗衣机	8	3500	¥ 28,000.00
10	2013/10/9	刘志强	洗衣机	5	2540	¥ 12,700.00
11	2013/10/4	刘志强	洗衣机	3	2540	¥ 7,620.00
12	2013/10/11	张天义	电视机	8	2550	¥ 20,400.00
13	2013/10/6	张天义	电视机	2	3500	¥ 7,000.00
14	2013/10/1	张天义	电视机	2	2300	¥ 4,600.00
15	2013/10/13	周程	空调	6	2550	¥ 15,300.00
16	2013/10/3	周程	空调	2	3500	¥ 7,000.00
17	2013/10/8	周程	空调	2	2550	¥ 5,100.00

图 3-3.4 多关键字排序　　　　　　　　　图 3-3.5 多关键字排序效果图

任务 3.3.2 对"业务员销售业绩统计表"进行筛选

【相关知识】

在 Excel 应用中，可通过数据筛选查询数据。当然，排序和条件格式也可用以查询数据，但两者在查询数据的同时，还会将其他不相关数据也显示出来。筛选则仅显示符合条件的数据，不符合条件的数据会被隐藏。

Excel 中提供了两种数据筛选操作，即"自动筛选"和"高级筛选"。

（1）自动筛选。

一般用于简单的条件筛选，筛选时将不满足条件的数据暂时隐藏起来，只显示符合条件的数据。单击"数据"选项卡中的"排序和筛选"按钮，此时，标题行的每一列上会显示一个倒三角形，单击倒三角形，可根据要求选择操作。另外，使用"自动筛选"功能还可同时对多个字段进行筛选操作，此时各字段间限制的条件只能是"与"（即并且）的关系。

（2）高级筛选。

一般用于条件较为复杂的筛选，筛选的结果可显示在原数据表格中，不符合条件的记录被隐藏起来。也可以在新的位置显示筛选结果，不符合条件的记录同时保留在数据表中而不隐藏，这样就更加便于数据的对比了。

活动 1　筛选"洗衣机"的销售信息

本活动的目的是利用自动筛选功能显示洗衣机的销售信息，不显示其他产品的销售信息。

【图示步骤】

Step 1　单击"业务员销售业绩统计表"数据清单中的任意一个单元格。

Step 2　单击"数据"选项卡上的"排序和筛选"按钮（或直接单击"开始"选项卡"编辑"功能区的"排序和筛选"按钮，选择"筛选"命令），进入"自动筛选"状态。此时，列标题处出现一个倒三角按钮。

Step 3　单击"产品名称"右侧倒三角按钮，弹出如图 3-3.6 所示的下拉列表，勾掉"全选"复选框，选中"洗衣机"复选框。

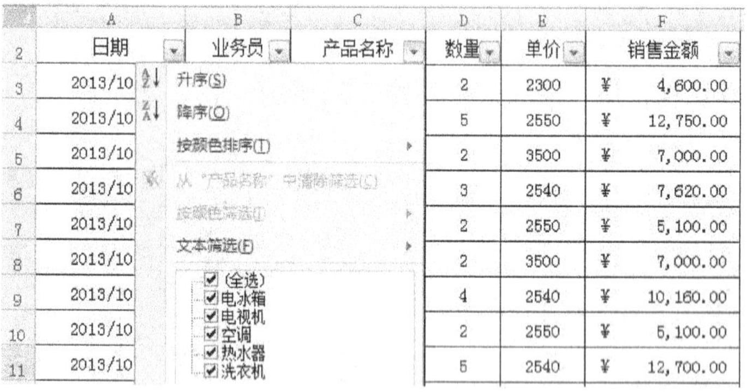

图 3-3.6　"自动筛选"下拉列表

或者，选择"文本筛选"级联菜单中的"等于"命令，在弹出的"自定义自动筛选方式"对话框中选择"洗衣机"，如图 3-3.7 所示。

Step 4　单击"确定"按钮，所有"洗衣机"的销售记录即被筛选出来，如图 3-3.8 所示。

图 3-3.7　"自定义自动筛选"对话框　　图 3-3.8　通过筛选得到的所有"洗衣机"的销售记录

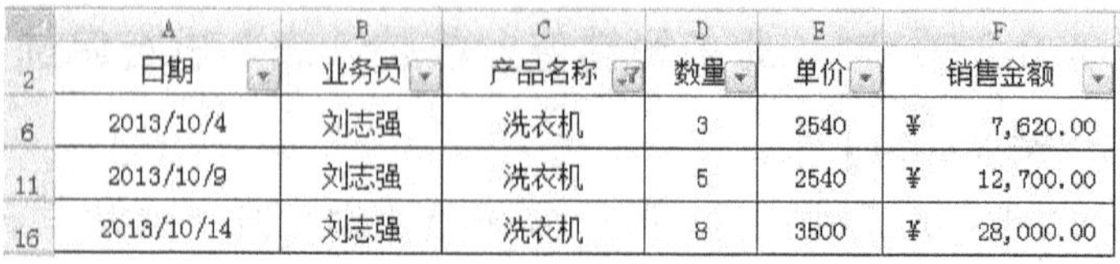

【应用拓展】

（1）如仅筛选等于某单元格的值的记录，还可直接选中等于该值的任一单元格（例如，上例中可选中 C6、C11、C16 任一单元格）后，右击，选择"筛选"→"按所选单元格的值筛选"选项（如图 3-3.9 所示），即可快速得到筛选结果。

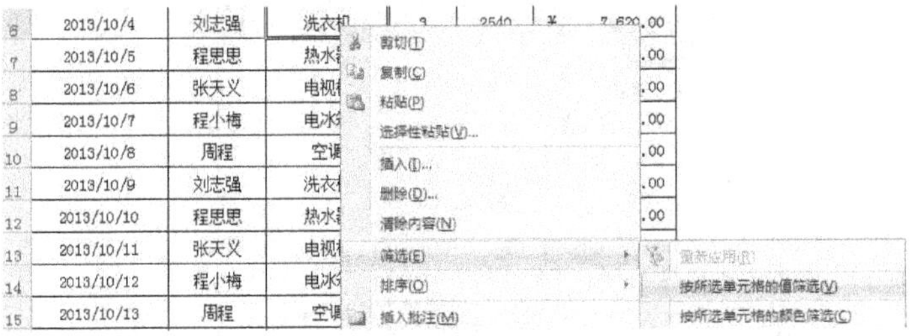

| | 2013/10/4 | 刘志强 | 洗衣机 | | 2540 | ¥ 7,620.00 |

图 3-3.9　利用快捷方式筛选所有"洗衣机"的销售记录

（2）列的数据类型不同，"自动筛选"下拉列表也会有所不同。如图 3-3.10 所示的"数量"列是数值型。数值型数据的"自动筛选条件"还可以为"大于…""小于…""介于…"等。

图 3-3.10　数值型列的"自动筛选"下拉列表

活动 2　筛选"销售金额"大于 3000 元的"洗衣机"销售记录

本活动的目的是多次利用自动筛选功能找出"销售金额"大于 3000 元的"洗衣机"销售记录。

【图示步骤】

Step 1　按活动一中介绍的任一方法，得到所有"洗衣机"的销售记录。

Step 2　单击"销售金额"倒三角按钮，在弹出的下拉列表中，选择"数字筛选"→"大于或等于…"选项，如图 3-3.11 所示。

Step 3　在弹出的 "自定义自动筛选方式"对话框中输入 3000，如图 3-3.12 所示。

图 3-3.11　"销售金额"的数字筛选

图 3-3.12　"销售金额"的"自定义自动筛选方式"对话框设置

Step 4　单击"确定"按钮，所有"销售金额"大于 3000 元的"洗衣机"销售记录即被筛选出来了，如图 3-3.13 所示。

	日期	业务员姓名	产品名称	数量	单价	销售金额
	E6	▼	fx	2540		

2013年10月份业务员销售业绩统计表

	日期	业务员姓名	产品名称	数量	单价	销售金额
16	2013/10/14	张天义	洗衣机	8	3500	￥　28,000.00

图 3-3.13　"销售金额"大于 3000 元的"洗衣机"销售记录筛选结果

活动 3　按"业务员名称""产品名称"和"单价"进行筛选

本活动的目的是利用高级筛选功能找出"业务员姓名"为"程小梅"，或"产品名称"为"洗衣机"，或"单价"在 3000 元以上的销售记录。

【图示步骤】

Step 1　将"业务员姓名""产品名称""单价"三个字段的字段名称复制到数据表格的任意空白位置，输入筛选的条件，如图 3-3.14 所示。条件放在同一行表示"与"的关系，条件不在同一行表示"或"的关系。

Step 2　单击数据选项卡中的 ✓高级 按钮，打开"高级筛选"对话框，按图 3-3.15 所示，设置相关内容。

	A	B	C	D	E	F	G	H	I	J
2	日期	业务员	产品名称	数量	单价	销售金额		业务员	产品名称	单价
3	2013/10/1	张天义	电视机	2	2300	￥　4,600.00		程小梅		
4	2013/10/2	程小梅	电冰箱	5	2550	￥　12,750.00			洗衣机	
5	2013/10/3	周程	空调	2	3500	￥　7,000.00				>3000
6	2013/10/4	刘志强	洗衣机	3	2540	￥　7,620.00				

图 3-3.14　"高级筛选"的条件设置

图 3-3.15　"高级筛选"的条件设置

Step 3 单击"确定"按钮，就可在指定位置显示筛选结果，如图 3-3.16 所示。

	日期	业务员	产品名称	数量	单价	销售金额
9	日期	业务员	产品名称	数量	单价	销售金额
10	2013/10/2	程小梅	电冰箱	5	2550	¥ 12,750.00
11	2013/10/3	周程	空调	2	3500	¥ 7,000.00
12	2013/10/4	刘志强	洗衣机	3	2540	¥ 7,620.00
13	2013/10/6	张天义	电视机	2	3500	¥ 7,000.00
14	2013/10/7	程小梅	电冰箱	4	2540	¥ 10,160.00
15	2013/10/9	刘志强	洗衣机	5	2540	¥ 12,700.00
16	2013/10/10	程思思	热水器	2	3500	¥ 7,000.00
17	2013/10/12	程小梅	电冰箱	2	2540	¥ 5,080.00
18	2013/10/14	刘志强	洗衣机	8	3500	¥ 28,000.00

图 3-3.16 "高级筛选"的显示结果

任务 3.3.3 对"业务员销售业绩统计表"进行分类汇总

【相关知识】

Excel 数据分类汇总可满足多种数据整理需求，可以分级显示数据，同时看到数据明细和汇总数据。需要强调的是：在做分类汇总前，需要先按分类汇总项的数据进行排序，否则无法正确进行分类汇总。

分类汇总的一般步骤为：

（1）对分类字段进行排序。

（2）选中分类数据区域，打开"分类汇总"对话框。

（3）分别设置"分类字段""汇总方式""选定汇总项"等。

（4）单击"确定"按钮后，完成分类汇总。

活动 1 按"业务员名称"对"销售金额"进行分类汇总

本活动的目的是利用分类汇总功能计算各业务员的总销售金额，并分页打印。

【图示步骤】

Step 1 按"业务员姓名"对数据进行排序。

Step 2 选中数据清单中的任一单元格，单击"数据"选项卡，打开"分类汇总"对话框。按图 3-3.17 所示，"分类字段"选择"业务员姓名"，"汇总方式"选择"求和"，"选定汇总项"勾选 "销售金额"，选中"每组数据分页""汇总结果显示在数据下方"复选框。

Step 3 单击"确定"按钮，完成分类汇总。可单击工作表最左侧的分级显示符号 1 2 3 分级显示数据，还可通过符号 ━ 、 ＋ 折叠、展开各级数据。单击"1"可查看总计；单击"2"可查看每个业务员的汇总数据；单击"3"可查看所有明细数据，如图 3-3.18 所示。

【应用拓展】

使用"分类汇总"功能时，必须先对分类字段进行排序。

活动 2 按"业务员名称"和"产品名称"对"数量""销售金额"进行多级分类汇总

本活动的目的是利用多级分类汇总功能计算各业务员各产品的销售数量。

【图示步骤】

Step 1 以"业务员姓名"为主要关键字，"产品名称"为次要关键字对数据进行排序。

Step 2 选中数据清单中的任一单元格，单击"数据"选项卡，打开"分类汇总"对话框。

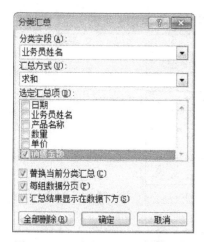

图 3-3.17 "分类汇总"对话框设置

			A	B	C	D	E	F
		2	日期	业务员	产品名称	数量	单价	销售金额
		3	2013/10/5	程思思	热水器	2	2550	¥　5,100.00
		4	2013/10/10	程思思	热水器	2	3500	¥　7,000.00
		5	2013/10/15	程思思	热水器	2	2550	¥　5,100.00
		6		程思思 汇总				¥　17,200.00
		7	2013/10/2	程小梅	电冰箱	5	2550	¥　12,750.00
		8	2013/10/7	程小梅	电冰箱	4	2540	¥　10,160.00
		9	2013/10/12	程小梅	电冰箱	2	2540	¥　5,080.00
		10		程小梅 汇总				¥　27,990.00
		14		刘志强 汇总				¥　48,320.00
		18		张天义 汇总				¥　32,000.00
		19	2013/10/3	周程	空调	2	3500	¥　7,000.00
		20	2013/10/8	周程	空调	2	2550	¥　5,100.00
		21	2013/10/13	周程	空调	6	2550	¥　15,300.00
		22		周程 汇总				¥　27,400.00
		23		总计				¥　152,910.00

图 3-3.18 "分类汇总"效果图

Step 3 按图 3-3.19 所示，"分类字段"选择"业务员姓名"，"汇总方式"选择"求和"，"选定汇总项"勾选"销售金额"，选中"替换当前分类汇总"，单击"确定"按钮。

Step 4 再次打开"分类汇总"对话框，如图 3-3.20 所示，"分类字段"选择"产品名称"，"汇总方式"选择"求和"，"选定汇总项"勾选"数量"，取消勾选"替换当前分类汇总"。

Step 5 单击"确定"按钮后，多级分类汇总完成，效果如图 3-3.21 所示。

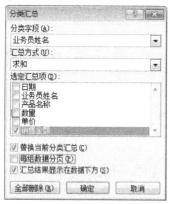

图 3-3.19 业务员姓名分类汇总

图 3-3.20 产品名称分类汇总

				A	B	C	D	E	F
			2	日期	业务员姓名	产品名称	数量	单价	销售金额
			5			洗衣机 汇总	8		
			6		程思思 汇总				¥　20,320.00
			10			电视机 汇总	12		
			11		程小梅 汇总				¥　32,000.00
			15			空调 汇总	10		
			16		刘志强 汇总				¥　27,400.00
			17	2013/10/5	张天义	热水器	2	2550	¥　5,100.00
			18	2013/10/10	张天义	热水器	2	3500	¥　7,000.00
			19			热水器 汇总	4		
			20	2013/10/14	张天义	洗衣机	8	3500	¥　28,000.00
			21			洗衣机 汇总	8		
			22		张天义 汇总				¥　40,100.00
			26			电冰箱 汇总	11		
			27		周程 汇总				¥　27,990.00
			28			总计	53		
			29		总计				¥　147,810.00

图 3-3.21 "多级分类汇总"效果图

项目小结

本项目运用排序、筛选、分类汇总三种方式，从不同角度对"销售业绩统计表"进行了分析与统计。通过本项目的学习，我们掌握了数据分析与统计的基本方法，学会了如何对数据进行排序，如何运用筛选查询数据，以及如何运用分类汇总对数据进行分类及多级显示。

项目实训

实训 3-3.1　排序、筛选

打开"实训 3-3.1 学生成绩表原表.xlsx"工作簿，依次完成下列操作。

（1）复制 Sheet 1 工作表中的全部内容到 Sheet 2、Sheet 3 中，并保留原表中的格式。将 Sheet 1 工作表重命名为"排序"，Sheet 2 工作表重命名为"筛选"，Sheet 3 工作表重命名为"高级筛选"。

（2）打开"排序"工作表，按"学号"对表格内容进行重新排序，排序后的效果如图 3-3.22 所示。

（3）打开"筛选"工作表，筛选出"平均分"大于等于 60 且小于等于 80 之间的数据，筛选效果如图 3-3.23 所示。

（4）打开"高级筛选"工作表，利用高级筛选功能筛选出数学、语文、英语都高于 70 分的学生，并将筛选结果存放在 A22:L22 单元格内，筛选效果如图 3-3.24 所示。

（5）将工作簿以"实训 3-3.1 学生成绩表效果表.xlsx"文件名重新保存。

学号	姓名	语文	数学	英语	政治	历史	地理	生物	总分	平均分	名次
						学生成绩表					
1	高英	74	77	57	45	35	35	48	371	53.00	16
2	李艳霞	69	67	62	65	68	89	36	456	65.14	14
3	白志鹏	77	84	89	87	67	35	82	521	74.43	6
4	张强	94	92	87	86	91	68	90	608	86.86	1
5	林丽娜	57	68	44	85	54	85	65	458	65.43	13
6	张清涛	77	89	34	64	86	82	84	516	73.71	7
7	白洪波	68	78	69	82	75	67	68	507	72.43	9
8	张冉	65	76	88	59	81	49	73	491	70.14	10
9	张玉兰	86	78	76	68	35	53	58	454	64.86	15
10	田建军	53	69	69	62	69	69	81	472	67.43	11
11	张子恒	74	62	82	81	67	59	89	514	73.43	8
12	李国辉	68	87	93	57	63	87	72	527	75.29	4
13	马春明	92	73	71	64	76	82	65	523	74.71	5
14	高小丽	87	93	69	90	73	67	54	533	76.14	3
15	胡景泉	79	54	87	64	87	79	88	538	76.86	2
16	刘珊	65	86	35	76	59	62	87	470	67.14	12

图 3-3.22　排序后的效果图

学号	姓名	语文	数学	英语	政治	历史	地理	生物	总分	平均分	名次
						学生成绩表					
15	胡景泉	79	54	87	64	87	79	88	538	76.86	2
14	高小丽	87	93	69	90	73	67	54	533	76.14	3
12	李国辉	68	87	93	57	63	87	72	527	75.29	4
13	马春明	92	73	71	64	76	82	65	523	74.71	5
3	白志鹏	77	84	89	87	67	35	82	521	74.43	6
6	张清涛	77	89	34	64	86	82	84	516	73.71	7
11	张子恒	74	62	82	81	67	59	89	514	73.43	8
7	白洪波	68	78	69	82	75	67	68	507	72.43	9
8	张冉	65	76	88	59	81	49	73	491	70.14	10
10	田建军	53	69	69	62	69	69	81	472	67.43	11
16	刘珊	65	86	35	76	59	62	87	470	67.14	12
5	林丽娜	57	68	44	85	54	85	65	458	65.43	13
2	李艳霞	69	67	62	65	68	89	36	456	65.14	14
9	张玉兰	86	78	76	68	35	53	58	454	64.86	15

图 3-3.23　筛选后的效果图

21											
22	学号	姓名	语文	数学	英语	政治	历史	地理	生物	总分	平均分	名次
23	4	张强	94	92	87	86	91	68	90	608	86.86	1
24	13	马春明	92	73	71	64	76	82	65	523	74.71	5
25	3	白志鹏	77	84	89	87	67	35	82	521	74.43	6
26	9	张玉兰	86	78	76	68	35	53	58	454	64.86	15
27												

图 3-3.24 应用高级筛选后的效果图

实训 3-3.2 分类汇总

打开"实训 3-3.2 销售明细账工作表原表.xlsx"工作簿，依次完成下列操作。

（1）复制 Sheet 1 工作表中的全部内容到 Sheet 2、Sheet 3 中。将 Sheet 2 工作表重命名为"日销售额"，Sheet 3 工作表重命名为"产品日销售额"。

（2）打开"日销售额"工作表，按"日期"对表格内容进行重新排序后，对金额进行分类汇总，效果如图 3-3.25 所示。

（3）打开"产品日销售额"工作表，先后按产品编号、日期对金额进行多级分类汇总，效果如图 3-3.26 所示。

		A	B	C	D	E	F	G
	1			销售明细账工作表				
	2	日期	销售员	产品编号	产品类别	单价	数量	金额
	5	2007/1/12 汇总						¥148,660
	8	2007/1/13 汇总						¥176,000
	11	2007/1/14 汇总						¥142,380
	14	2007/1/15 汇总						¥294,996
	16	2007/1/16 汇总						¥122,970
	19	2007/1/17 汇总						¥109,930
	24	2007/1/18 汇总						¥327,008
	26	2007/1/19 汇总						¥73,450
	27	总计						¥1,395,394

图 3-3.25 "日销售额"工作表效果图

		A	B	C	D	E	F	G
	1			销售明细账工作表				
	2	日期	销售员	产品编号	产品类别	单价	数量	金额
	4	2007-1-12 汇总						¥90,100
	6	2007-1-15 汇总						¥63,600
	7			YEL-45 汇总				¥153,700
	10	2007-1-18 汇总						¥185,500
	11			YEL-03 汇总				¥185,500
	13	2007-1-14 汇总						¥105,180
	15	2007-1-15 汇总						¥231,396
	16			NL-45 汇总				¥336,576
	18	2007-1-18 汇总						¥63,108
	20	2007-1-16 汇总						¥122,970
	21			NL-345 汇总				¥186,078
	23	2007-1-17 汇总						¥90,400
	24			CL340 汇总				¥90,400
	26	2007-1-19 汇总						¥73,450
	28	2007-1-14 汇总						¥37,200
	30	2007-1-17 汇总						¥19,530
	31			C340 汇总				¥130,180
	33	2007-1-12 汇总						¥58,560
	36	2007-1-13 汇总						¥176,000
	38	2007-1-18 汇总						¥78,400
	39			C330 汇总				¥312,960

图 3-3.26 "产品日销售额"工作表效果图

项目 3.4　上半年销售业绩汇总表的统计

【技能目标】

通过本项目的学习，学生应熟练掌握如何利用公式自动完成计算，掌握常用函数（包括：求和函数、平均值函数、最大值函数、最小值函数、计数函数、排序函数等）的使用，理解相对地址、绝对地址的概念及其使用。

【效果展示】

原表和汇总表分别如图 3-4.1 和图 3-4.2 所示。

序号	姓名	部门	一月份	二月份	三月份	四月份	五月份	六月份	总销售额	排名
					2013年上半年销售业绩汇总表					
1	程思思	销售（1）部	66	92	85	78	86	71		
2	程小梅	销售（1）部	83	91	94	93	94	97		
3	张天义	销售（1）部	75	62	87	94	78	91		
4	周程	销售（2）部	86	77	85	83	74	79		
5	李丽敏	销售（2）部	78	90	88	97	72	65		
6	马燕	销售（2）部	63	99	78	63	79	65		
7	黄海生	销售（3）部	52	57	85	59	59	61		
8	唐艳霞	销售（3）部	63	73	65	95	75	61		
9	张恬	销售（3）部	78	97	61	57	60	85		
10	李丽丽	销售（3）部	71	61	82	57	57	85		
	平均销售额									—
	优秀率								—	—
	达标率								—	—
	第一名销售额									—
	最后一名销售额									—
	优秀销售额	>=80								
	达标销售额	>=60								

图 3-4.1　上半年销售业绩原表

序号	姓名	部门	一月份	二月份	三月份	四月份	五月份	六月份	总销售额	排名
					2013年上半年销售业绩汇总表					
1	程思思	销售（1）部	66	92	85	78	86	71	478	5
2	程小梅	销售（1）部	83	91	94	93	94	97	552	1
3	张天义	销售（1）部	75	62	87	94	78	91	487	3
4	周程	销售（2）部	86	77	85	83	74	79	484	4
5	李丽敏	销售（2）部	78	90	88	97	72	65	490	2
6	马燕	销售（2）部	63	99	78	63	79	65	447	7
7	黄海生	销售（3）部	52	57	85	59	59	61	373	11
8	唐艳霞	销售（3）部	63	73	65	95	75	61	432	9
9	张恬	销售（3）部	78	97	61	57	60	85	438	8
10	李丽丽	销售（3）部	71	61	82	57	57	85	413	10
	平均销售额		72	80	81	78	73	76	459	—
	优秀率		20.0%	50.0%	70.0%	50.0%	20.0%	40.0%	—	—
	达标率		90.0%	90.0%	100.0%	70.0%	80.0%	100.0%	—	—
	第一名销售额		86	99	94	97	94	97	552	—
	最后一名销售额		52	57	61	57	57	61	373	—
	优秀销售额	>=80								
	达标销售额	>=60								

图 3-4.2　上半年销售业绩汇总表效果图

任务 3.4.1　统计各业务员总销售额、各月份平均销售额

【相关知识】

1. 单元格地址

单元格是 Excel 中的最小单位。单元格除具有存放数据的功能外，还可用以计算。每个单元格都有一个唯一的地址用以标识，即它所在的列号和行号。如左上第 1 个单元格为 A1，这就是单元格的地址。

2. 相对引用与相对地址、绝对引用与绝对地址

在 Excel 的公式和函数中，经常要使用某一单元格或单元格区域中的数据，称为单元格的引用。单元格的引用需要使用单元格的地址。单元格的引用分为相对引用和绝对引用。

（1）相对引用。

相对引用表示某一单元格相对于当前单元格的相对位置。例如，在 A3 单元格中输入公式“=A1+A2”，A1、A2 即为相对引用，也称为相对地址。如果将单元格 A3 中的相对引用复制到单元格 B3 中，则公式自动变为“=B1+B2”。由此可见，在单元格中的公式中使用相对地址并复制公式到其他单元格时，相对地址会发生相应改变。其变化规律如下：

① 当公式单元格用于复制和填充时，公式中的单元格地址随之改变。

② 当公式单元格用于移动时，公式中的单元格地址不随之改变。

③ 如果被引用的单元格本身地址发生变化，公式中的地址随之变化。

（2）绝对引用。

单元格中的绝对单元格引用（如 $A$1）总是在指定位置引用单元格。例如，在 A3 单元格中输入公式“=$A$1+$A$2”，$A$1、$A$2 即为绝对引用，也称为绝对地址。如果将单元格 A3 中的相对引用复制到单元格 B3 中，则公式不变。由此可见，在单元格中的公式中使用相对地址并复制公式到其他单元格时，绝对地址不会发生改变。其规律如下：

① 当公式单元格用于复制和填充时，公式中的单元格地址不随之改变。

② 当公式单元格用于移动时，公式中的单元格地址不随之改变。

③ 如果被引用的单元格本身发生地址变化，公式中的地址随之变化。

活动 1　利用公式计算各业务员总销售额

本活动的目的是利用自定义公式计算各业务员上半年的总销售额。

【图示步骤】

Step 1　打开“项目四：上半年销售业绩汇总表”工作簿。

Step 2　选中 J3 单元格，输入公式“=D3+E3+F3+G3+H3+I3”，效果如图 3-4.3 所示，按【Enter】键后确认完成，值自动计算为 478。

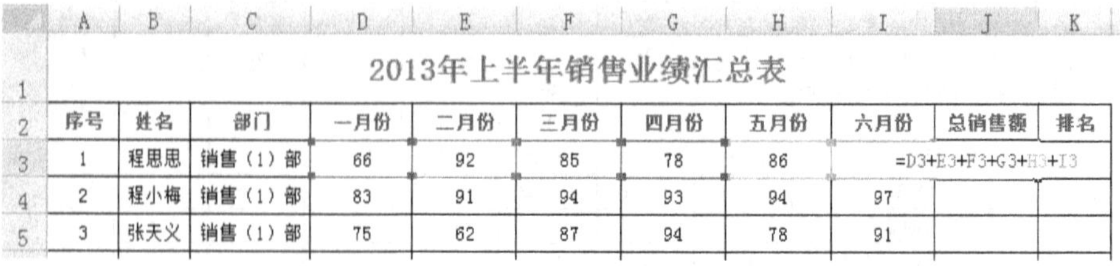

	A	B	C	D	E	F	G	H	I	J	K
1	2013年上半年销售业绩汇总表										
2	序号	姓名	部门	一月份	二月份	三月份	四月份	五月份	六月份	总销售额	排名
3	1	程思思	销售（1）部	66	92	85	78	86	=D3+E3+F3+G3+H3+I3		
4	2	程小梅	销售（1）部	83	91	94	93	94	97		
5	3	张天义	销售（1）部	75	62	87	94	78	91		

图 3-4.3　J3 单元格中的公式

Step 3　选中 J3 单元格，按【Ctrl + C】组合键复制公式，选中 J4 单元格后，按【Ctrl + V】组合键粘贴公式。 此时，J4 单元格中的公式自动变为“=D4+E4+F4+G4+H4+I4”，J4 中的值已自

动得到，如图 3-4.4 所示。

	A	B	C	D	E	F	G	H	I	J	K
1	2013年上半年销售业绩汇总表										
2	序号	姓名	部门	一月份	二月份	三月份	四月份	五月份	六月份	总销售额	排名
3	1	程思思	销售（1）部	66	92	85	78	86	71	478	
4	2	程小梅	销售（1）部	83	91	94	93	94	97	552	
5	3	张天义	销售（1）部	75	62	87	94	78	91		

图 3-4.4　复制公式后 J4 单元格的变化

Step 4　选中 J4 单元格，按住 J4 单元格右下角的填充柄拖至 J10 单元格。被填充的 J 列中的单元格的公式及数据相应变化，如图 3-4.5 所示。

	A	B	C	D	E	F	G	H	I	J	K
1	2013年上半年销售业绩汇总表										
2	序号	姓名	部门	一月份	二月份	三月份	四月份	五月份	六月份	总销售额	排名
3	1	程思思	销售（1）部	66	92	85	78	86	71	478	
4	2	程小梅	销售（1）部	83	91	94	93	94	97	552	
5	3	张天义	销售（1）部	75	62	87	94	78	91	487	
6	4	周程	销售（2）部	86	77	85	83	74	79	484	
7	5	李丽敏	销售（2）部	78	90	88	97	72	65	490	
8	6	马燕	销售（2）部	63	99	78	63	79	65	447	
9	7	黄海生	销售（3）部	52	57	85	59	59	61	373	
10	8	唐艳霞	销售（3）部	63	73	65	95	75	61	432	
11	9	张恬	销售（3）部	78	97	61	57	60	85	438	
12	10	李丽丽	销售（3）部	71	61	82	57	57	85	413	

图 3-4.5　单元格填充后数据的变化

活动 2　利用函数计算各业务员总销售额

本活动的目的是利用 SUM 函数计算各业务员上半年总销售额。

【相关知识】

1. 函数概念

Excel 中的函数是预先定义的公式，具有计算、分析等数据处理功能。

Excel 中的函数的一般形式：函数名（[参数表]）。

例如：平均函数 AVERAGE(Num1,Num2,…)，其中，AVERAGE 为函数名，一个函数只有一个名称，且是唯一的，它决定了函数的功能和用途。函数名后紧跟左括号，接着是用逗号分隔的参数列表，最后以右括号表示函数结束。

2. 常用函数

Excel 函数包括：数学和三角函数、文本函数、日期与时间函数、财务函数、数据库函数等共 11 类函数。

常用的函数有以下几种。

- SUM(Num1,Num2,…) 函数：求出所有参数的和。
- AVERAGE(Num1,Num2,…) 函数：求出所有参数的算术平均值。
- MAX(Num1,Num2,…)函数：求出所有参数中的最大值。
- MIN(Num1,Num2,…)函数：求出所有参数中的最小值。
- COUNT(Value1,Value2,…)函数：求出所有参数中数字的个数。

【图示步骤】

Step 1 利用函数计算 J3 单元格的值。

方法一：选中 J3 单元格，单击活动单元格地址栏右侧的 ▲ 按钮，在弹出的"插入函数"对话框（如图 3-4.6 所示）中选择"SUM"函数后，单击"确定"按钮，弹出"函数参数"对话框（如图 3-4.7 所示）。

 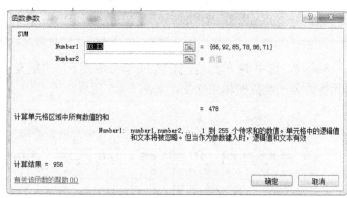

图 3-4.6 "插入函数"对话框　　　　　　图 3-4.7 "函数参数"对话框

方法二：选中 D3:I3 数据区域后，直接单击"编辑"功能区的 Σ 自动求和 ▾ 功能按钮，效果如图 3-4.8 所示。按【Enter】键后，自动计算得到 J3 单元格的值。

	A	B	C	D	E	F	G	H	I	J	K	L	M
1					2013年上半年销售业绩汇总表								
2	序号	姓名	部门	一月份	二月份	三月份	四月份	五月份	六月份	总销售额	排名		
3	1	程思思	销售（1）部	66	92	85	78	86		=SUM(D3:I3)			
4	2	程小梅	销售（1）部	83	91	94	93	94	97	SUM(**number1**, [number2], ...)			
5	3	张天义	销售（1）部	75	62	87	94	78	91				

图 3-4.8 利用"自动求和"按钮计算的效果图

方法三：选中 J3 单元格，直接输入公式"=SUM(D3:I3)"，按【Enter】键后，自动计算得到 J3 单元格的值。

Step 2 利用填充柄快速计算 J4:J12 的值。按住 J3 单元格右下角的填充柄拖至 J12 单元格，被填充的 J 列中的值自动得到。

【应用拓展】

对连续单元格进行求和运算，可选中求和的数据区域后，快速求和。此技巧还适用于快速计算平均值、最大值、最小值、计数。

活动三 利用函数计算各月份平均销售额

本活动的目的是利用 AVERAGE 函数计算各月份平均销售额，并比较向右填充公式时，单元格中地址的变化规律。

【图示步骤】

Step 1 利用函数计算 D13 单元格的值。选中 D3:D12 数据区域后，单击"编辑"功能区"自动求和"下拉列表中的"平均值"命令，效果如图 3-4.9 所示。按【Enter】键后，自动计算得到 D13 单元格的值。

Step 2 利用填充柄快速计算 E13:J13 的值。按住 D13 单元格右下角的填充柄向右拖至 J13 单元格，被填充的 13 行中的值自动得到。完成后效果如图 3-4.10 所示。

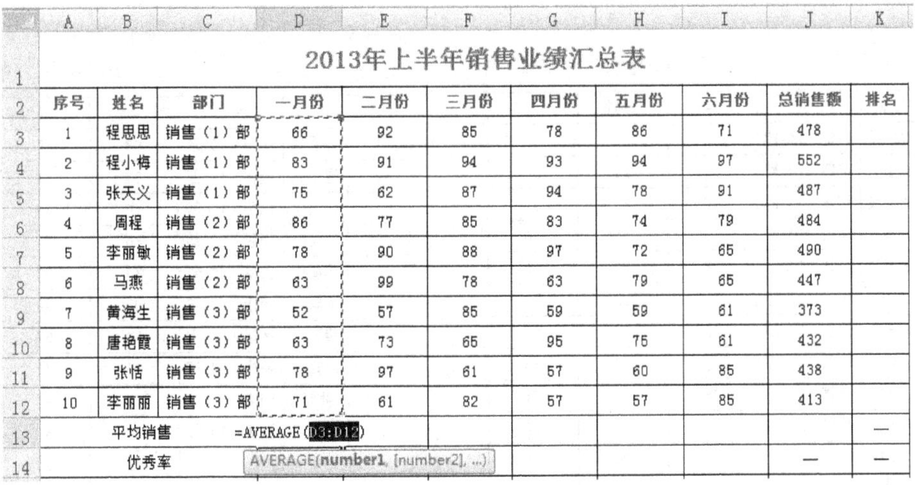

2013年上半年销售业绩汇总表										
序号	姓名	部门	一月份	二月份	三月份	四月份	五月份	六月份	总销售额	排名
1	程思思	销售（1）部	66	92	85	78	86	71	478	
2	程小梅	销售（1）部	83	91	94	93	94	97	552	
3	张天义	销售（1）部	75	62	87	94	78	91	487	
4	周程	销售（2）部	86	77	85	83	74	79	484	
5	李丽敏	销售（2）部	78	90	88	97	72	65	490	
6	马燕	销售（2）部	63	99	78	63	79	65	447	
7	黄海生	销售（3）部	52	57	85	59	59	61	373	
8	唐艳霞	销售（3）部	63	73	65	95	75	61	432	
9	张恬	销售（3）部	78	97	61	57	60	85	438	
10	李丽丽	销售（3）部	71	61	82	57	57	85	413	
平均销售			=AVERAGE(D3:D12)							—
优秀率			AVERAGE(number1, [number2], ...)						—	—

图 3-4.9　利用函数计算 D13 单元格的值

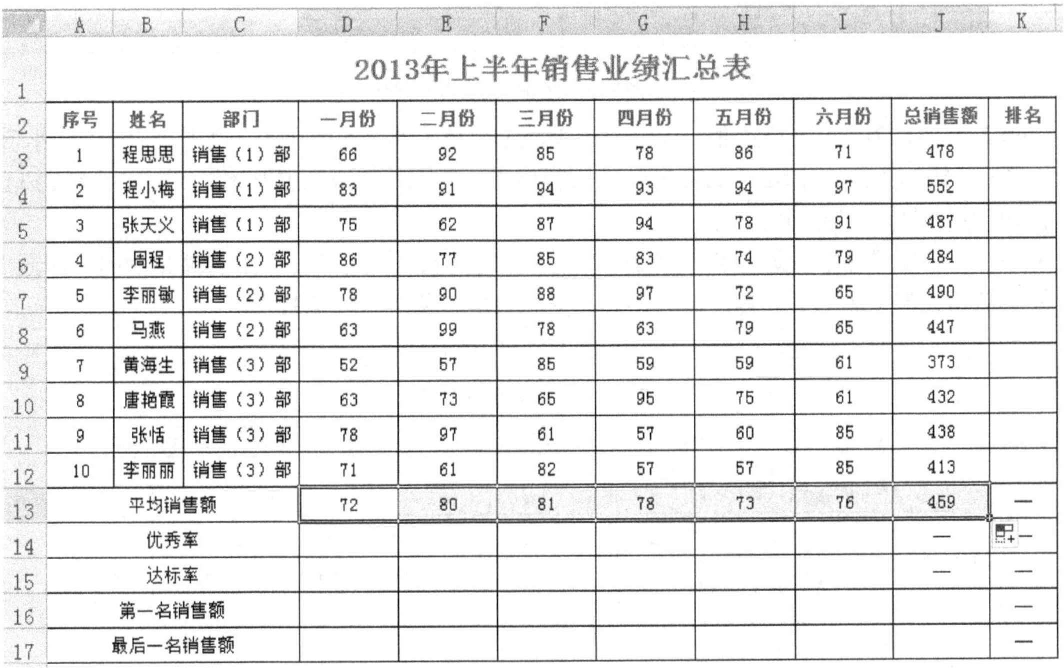

2013年上半年销售业绩汇总表										
序号	姓名	部门	一月份	二月份	三月份	四月份	五月份	六月份	总销售额	排名
1	程思思	销售（1）部	66	92	85	78	86	71	478	
2	程小梅	销售（1）部	83	91	94	93	94	97	552	
3	张天义	销售（1）部	75	62	87	94	78	91	487	
4	周程	销售（2）部	86	77	85	83	74	79	484	
5	李丽敏	销售（2）部	78	90	88	97	72	65	490	
6	马燕	销售（2）部	63	99	78	63	79	65	447	
7	黄海生	销售（3）部	52	57	85	59	59	61	373	
8	唐艳霞	销售（3）部	63	73	65	95	75	61	432	
9	张恬	销售（3）部	78	97	61	57	60	85	438	
10	李丽丽	销售（3）部	71	61	82	57	57	85	413	
平均销售额			72	80	81	78	73	76	459	—
优秀率									—	—
达标率									—	—
第一名销售额										—
最后一名销售额										—

图 3-4.10　利用填充柄快速计算后的效果图

任务 3.4.2　统计各月份销售额第一名和最后一名

本任务的目的是利用 MAX 函数、MIN 函数计算各月份销售额的第一名和最后一名。

【图示步骤】

Step 1　计算 D16 单元格的值。选中 D16 单元格，单击“自动求和”下拉列表中的“最大值”命令，生成 MAX 函数。此时 MAX 函数默认的数据区域为 D3:D15，需要修改为 D3:D12（如图 3-4.11 所示）。可通过重新选定数据区域，也可以直接修改公式中的行号修改。修改后按【Enter】键，自动计算得到 D16 单元格的值。

图 3-4.11　修改 MAX 函数默认的数据区域

Step 2　计算 D17 单元格的值。选中 D17 单元格，单击"自动求和"下拉列表中的"最小值"命令，生成 MIN 函数。将 MIN 函数默认的数据区域 D3:D16 修改为 D3:D12。修改后按【Enter】键，自动计算得到 D17 单元格的值。

Step 3　利用填充柄快速计算 E16:J17 的值。按住 D13 单元格右下角的填充柄向右拖至 J17 单元格，被填充的 E16:J17 中的值自动得到。完成后的效果如图 3-4.12 所示。

	序号	姓名	部门	一月份	二月份	三月份	四月份	五月份	六月份	总销售额	排名
	1	程思思	销售（1）部	66	92	85	78	86	71	478	
	2	程小梅	销售（1）部	83	91	94	93	94	97	552	
	3	张天义	销售（1）部	75	62	87	94	78	91	487	
	4	周程	销售（2）部	86	77	85	83	74	79	484	
	5	李丽敏	销售（2）部	78	90	88	97	72	65	490	
	6	马燕	销售（2）部	63	99	78	63	79	65	447	
	7	黄海生	销售（3）部	52	57	85	59	59	61	373	
	8	唐艳霞	销售（3）部	63	73	65	95	75	61	432	
	9	张恬	销售（3）部	78	97	61	57	60	85	438	
	10	李丽丽	销售（3）部	71	61	82	57	57	85	413	
	平均销售额			72	80	81	78	73	76	459	—
	优秀率										—
	达标率										—
	第一名销售额			86	99	94	97	94	97	552	—
	最后一名销售额			52	57	61	57	57	61	373	—

图 3-4.12　利用填充柄快速计算后的效果图

任务 3.4.3　统计各业务员总销售额排名

本任务的目的是利用 RANK 函数计算各业务员上半年总销售额的排名。

【相关知识】

RANK 函数是排名函数。RANK 函数最常用的功能是求某一个数值在某一区域内的排名。

RANK 函数语法形式：RANK (number,ref,[order])。

● 参数 number 为需要求排名的那个数值或者单元格名称（单元格内必须为数字）。

● 参数 ref 为排名的参照数值区域。

● 参数 order 的值为 0 和 1，默认不用输入，得到的就是从大到小的排名；若是想求倒数第几，order 的值须使用 1。

示例：求一列数的排名。

在实际应用中，我们往往需要求某一列的数值的排名情况，例如，我们求 A1～A5 单元格内的数据的各自排名情况。我们可以使用单元格引用的方法来排名：B1 单元格=RANK(A1,A1:A5)，此公式就是求 A1 单元格在 A1:A5 单元格的排名情况。当我们使用自动填充工具拖曳数据时，得到如图 3-4.13 所示结果，但该结果显然是错误的。仔细研究一下发现，B2 单元格的公式居然变成了=RANK(A2,A2:A6)，而我们比较的数据区域是 A1:A5，不能变化。因此公式中应使用 A2:A6 的绝对地址，即 B1 单元格的公式应为=RANK(A1,A$1:A$5)。再次使用填充柄快速填充时，便得到了正确的排名，如图 3-4.14 所示。

B1		fx	=RANK(A1,A1:A5)	
	A	B	C	D	E
1	10	4			
2	15	3			
3	20	2			
4	5	2			
5	30	1			

图 3-4.13　RANK 函数举例——使用相对地址得到错误数据

B1		fx	=RANK(A1,A$1:A$5)	
	A	B	C	D	E
1	10	4			
2	15	3			
3	20	2			
4	5	5			
5	30	1			

图 3-4.14　RANK 函数举例——使用绝对地址得到正确数据

【图示步骤】

Step 1　计算 K3 排名。选中 K3 单元格，并输入公式"=RANK(J3,J$3:J$12)"，按【Enter】键后，得到业务员"程思思"的销售排名为 5。

Step 2　利用填充柄快速计算 K4:K12 的排名。按住 K3 单元格右下角的填充柄向下拖至 K12 单元格，K4:K12 的排名自动得到。完成后的效果如图 3-4.15 所示。

2013年上半年销售业绩汇总表

序号	姓名	部门	一月份	二月份	三月份	四月份	五月份	六月份	总销售额	排名
1	程思思	销售（1）部	66	92	85	78	86	71	478	5
2	程小梅	销售（1）部	83	91	94	93	94	97	552	1
3	张天义	销售（1）部	75	62	87	94	78	91	487	3
4	周程	销售（2）部	86	77	85	83	74	79	484	4
5	李丽敏	销售（2）部	78	90	88	97	72	65	490	2
6	马燕	销售（2）部	63	99	78	63	79	65	447	6
7	黄海生	销售（3）部	52	57	85	59	59	61	373	10
8	唐艳霞	销售（3）部	63	73	65	95	75	61	432	8
9	张恬	销售（3）部	78	97	61	57	60	85	438	7
10	李丽丽	销售（3）部	71	61	82	57	57	85	413	9
	平均销售额		72	80	81	78	73	76	459	—

图 3-4.15　利用 RANK 函数完成排名后的效果图

任务 3.4.4　利用自定义公式统计各月份优秀率和达标率

活动 1　统计各月份优秀率

本活动的目的是利用 COUNT 函数和 COUNTIF 函数计算各月份优秀率，得出销售金额大于等于 80 的占比。当月优秀率=当月销售金额大于等于 80 的人数/当月总销售人数。

【相关知识】

1. COUNT 函数

COUNT 是计数函数。COUNT 函数在计数时，将把数值型的数字计算进去；错误值、空值、逻辑值、文字则被忽略。

COUNT 函数语法形式：COUNT (Value1,Value2, ...)。

参数 Value1, Value2, ... 是包含或引用各种类型数据的参数（1～30 个），但只有数字类型的数据才会被计数。

例如，=COUNT(A1:A11)是求 A1:A11 数据区域内数字的个数。

本活动中一月份总销售人数公式为：=COUNT(D3:D12)。

2. COUNTIF 函数

COUNTIF 也是计数函数。但 COUNTIF 函数仅对指定区域中符合指定条件的单元格进行计数。

COUNTIF 函数的语法规则：COUNTIF（range，criteria）。

● 参数 range 为要计算其中非空单元格数目的区域。

● 参数 criteria 是以数字、表达式或文本形式定义的条件。

例如，=COUNTIF(A1:A11,">= 60")是求 A1:A11 数据区域内>=60 的数字个数。

本活动中一月份销售金额大于等于 80 的人数公式为：= COUNTIF(D3:D12,">=80")。则一月份销售优秀率公式为：=COUNTIF(D3:D12,">=80")/COUNT(D3:D12)。

【图示步骤】

Step 1　求 D14 单元格的值。选中 D14 单元格，输入公式 "=COUNTIF(D3:D12,">=80")/COUNT(D3:D12)"，按【Enter】键后，得到一月份销售优秀率为 20%，如图 3-4.16 所示。

图 3-4.16　利用函数求一月份销售优秀率

Step 2　利用填充柄快速计算 E14:I14 的值。按住 D14 单元格右下角的填充柄向右拖至 I14 单元格，E14:I14 的值自动得到。完成后的效果如图 3-4.17 所示。

D14 ▼ fx =COUNTIF(D3:D12,">=80")/COUNT(D3:D12)

	A	B	C	D	E	F	G	H	I	J	K
1						2013年上半年销售业绩汇总表					
2	序号	姓名	部门	一月份	二月份	三月份	四月份	五月份	六月份	总销售额	排名
3	1	程思思	销售（1）部	66	92	85	78	86	71	478	5
4	2	程小梅	销售（1）部	83	91	94	93	94	97	552	1
5	3	张天义	销售（1）部	75	62	87	94	78	91	487	3
6	4	周程	销售（2）部	86	77	85	83	74	79	484	4
7	5	李丽敏	销售（2）部	78	90	88	97	72	65	490	2
8	6	马燕	销售（2）部	63	99	78	63	79	65	447	6
9	7	黄海生	销售（3）部	52	57	85	59	59	61	373	10
10	8	唐艳霞	销售（3）部	63	73	65	95	75	61	432	8
11	9	张恬	销售（3）部	78	97	61	57	60	85	438	7
12	10	李丽丽	销售（3）部	71	61	82	57	57	85	413	9
13		平均销售额		72	80	81	78	73	76	459	—
14		优秀率		20.0%	50.0%	70.0%	50.0%	20.0%	40.0%	—	—

图 3-4.17　各月份销售优秀率完成效果图

活动 2　统计各月份达标率

本活动的目的是利用 COUNT 函数和 COUNTIF 函数计算各月份优秀率，得出销售金额满足 D21 单元格中给定条件的占比。当月优秀率=销售金额满足 D21 单元格中给定条件的人数/当月总销售人数。

【图示步骤】

Step 1　求 D15 单元格的值。选中 D15 单元格，输入公式"=COUNTIF(D3:D12,$D21)/COUNT (D3:D12)"，按【Enter】键后，得到一月份销售达标率为 90%，如图 3-4.18 所示。

D15 ▼ fx =COUNTIF(D3:D12,$D21)/COUNTA(D3:D12)

	A	B	C	D	E	F	G	H	I	J	K
1						2013年上半年销售业绩汇总表					
2	序号	姓名	部门	一月份	二月份	三月份	四月份	五月份	六月份	总销售额	排名
3	1	程思思	销售（1）部	66	92	85	78	86	71	478	5
4	2	程小梅	销售（1）部	83	91	94	93	94	97	552	1
5	3	张天义	销售（1）部	75	62	87	94	78	91	487	3
6	4	周程	销售（2）部	86	77	85	83	74	79	484	4
7	5	李丽敏	销售（2）部	78	90	88	97	72	65	490	2
8	6	马燕	销售（2）部	63	99	78	63	79	65	447	6
9	7	黄海生	销售（3）部	52	57	85	59	59	61	373	10
10	8	唐艳霞	销售（3）部	63	73	65	95	75	61	432	8
11	9	张恬	销售（3）部	78	97	61	57	60	85	438	7
12	10	李丽丽	销售（3）部	71	61	82	57	57	85	413	9
13		平均销售额		72	80	81	78	73	76	459	—
14		优秀率		20.0%	50.0%	70.0%	50.0%	20.0%	40.0%	—	—
15		达标率		90.0%						—	—

图 3-4.18　利用函数求一月份销售达标率

说明：为保证在快速填充时给定条件的地址不变，故公式中必须使用绝对地址$D21。

Step 2　利用填充柄快速计算 E15:I15 的值。按住 D15 单元格右下角的填充柄向右拖至 I15 单元格，E15:I15 的值自动得到。完成后的效果如图 3-4.19 所示。

| D15 | | | | =COUNTIF(D3:D12, $D21)/COUNTA(D3:D12) | | | | | | |

2013年上半年销售业绩汇总表

序号	姓名	部门	一月份	二月份	三月份	四月份	五月份	六月份	总销售额	排名
1	程思思	销售（1）部	66	92	85	78	86	71	478	5
2	程小梅	销售（1）部	83	91	94	93	94	97	552	1
3	张天义	销售（1）部	75	62	87	94	78	91	487	3
4	周程	销售（2）部	86	77	85	83	74	79	484	4
5	李丽敏	销售（2）部	78	90	88	97	72	65	490	2
6	马燕	销售（2）部	63	99	78	63	79	65	447	6
7	黄海生	销售（3）部	52	57	85	59	59	61	373	10
8	唐艳霞	销售（3）部	63	73	65	95	75	61	432	8
9	张恬	销售（3）部	78	97	61	57	60	85	438	7
10	李丽丽	销售（3）部	71	61	82	57	57	85	413	9
	平均销售额		72	80	81	78	73	76	459	—
	优秀率		20.0%	50.0%	70.0%	50.0%	20.0%	40.0%	—	—
	达标率		90.0%	90.0%	100.0%	70.0%	80.0%	100.0%	—	—

图 3-4.19　各月份销售达标率完成效果图

项目小结

通过上半年销售业绩汇总表的统计，我们学习了如何利用公式和函数完成自动计算，掌握了常用函数（包括：求和函数、平均值函数、最大值函数、最小值函数、计数函数、排序函数等）的使用，以及如何利用填充柄快速计算，理解了相对地址、绝对地址的概念及其使用。

项目实训

实训 3-4.1　完成对评分表的计算

打开"实训 3-4.1 评分计算表原表.xlsx"工作簿，利用公式或函数自动计算每个人的最高分、最低分、最后得分（即平均分）和名次，计算完成后的效果如图 3-4.20 所示。

评分计算表

编号	姓名	评委1	评委2	评委3	评委4	评委5	总分	最高分	最低分	最后得分	名次
1	王蕾	9.8	9.5	9.6	9.6	9.7	48.2	9.8	9.5	9.64	4
2	王帅	9.7	9.5	9.5	9.6	9.5	47.8	9.7	9.5	9.56	7
3	黄青叶	9.6	9.6	9.6	9.8	9.5	48.1	9.8	9.5	9.62	5
4	梁晨	9.8	9.8	9.8	9.6	9.7	48.7	9.8	9.6	9.74	1
5	陈瑶	9.4	9.5	9.5	9.4	9.5	47.3	9.5	9.4	9.46	10
6	李明珠	9.5	9.6	9.6	9.4	9.7	47.8	9.7	9.4	9.56	7
7	夏军	9.6	9.8	9.6	9.8	9.3	47.9	9.8	9.3	9.58	6
8	朱自强	9.6	9.6	9.5	9.3	9.6	47.4	9.6	9.3	9.48	9
9	李琨	9.8	9.7	9.5	9.7	9.6	48.3	9.8	9.5	9.66	3
10	韩晓宜	9.7	9.6	9.8	9.6	9.6	48.5	9.8	9.6	9.7	2

图 3-4.20　评分计算表效果图

实训 3-4.2　员工工资表的计算

打开"实训 3-4.2 员工工资表原表.xlsx"工作簿，依次完成下列操作，计算完成后的效果如图 3-4.21 所示。

（1）利用自定义公式计算"加班工资金额"列，加班一天工资金额=天数×加班一天，其中，工资加班一天工资存放在 E18 单元格。

（2）利用自定义公式计算 "应发小计"列，应发小计=基本工资+加班工资金额+岗位津贴。

（3）利用自定义公式计算 "扣除小计"列，扣除小计=缺勤+迟到。

（4）利用 SUM 函数计算第 15 行数据。

（5）利用自定义公式计算"实发工资"列，实发工资=应发小计-扣除小计。

序号	姓名	应发					扣除			实发工资
		基本工资	加班工资		岗位津贴	应发小计	缺勤	迟到	扣除小计	
			天数	金额						
1	张天义	1950.00	1	50.00	200.00	2200.00	10.00		10.00	2190.00
2	陈利林	2900.00	4	200.00	200.00	3300.00			0.00	3300.00
3	程小梅	2300.00	1	50.00	300.00	2650.00	30.00		30.00	2620.00
4	吴佳	2650.00	5	250.00	500.00	3400.00			0.00	3400.00
5	周程	2000.00	1	50.00	500.00	2550.00			0.00	2550.00
6	孙艳涛	2230.00	3	150.00	200.00	2580.00	50.00	20.00	70.00	2510.00
7	刘志强	2900.00	3	150.00	300.00	3350.00			0.00	3350.00
8	胡鹏飞	2890.00	2	100.00	400.00	3390.00		10.00	10.00	3380.00
9	程思思	2780.00	5	250.00	400.00	3430.00			0.00	3430.00
合计		22600.00	25	1250.00	3000.00	26850.00	90.00	30.00	120.00	26730.00

2013年10月份员工工资表（单位：元）

制表人： 制表日期： 年 月 日 复核人签字：

备注： 加班一天工资 50.00

图 3-4.21　员工工资表效果图

项目 3.5　产品销售图表的制作

【技能目标】

通过本项目的学习，学生应了解图表的类型及图表元素等基本概念，熟练掌握如何创建图表，并对图表进行美观化设置。

任务 3.5.1　创建图表

【相关知识】

1. 图表介绍

Excel 具有许多高级的制图功能，同时使用起来也非常简便。图表即将工作表中的数据用图形表示出来。图表可以使数据更加有趣、吸引人，且易于阅读和评价。它们也可以帮助我们分析和比较数据。

2. 常用图表类型

（1）柱形图。

柱形图一般用来表示一组或几组分类相关的数值，显示各个项目之间的比较情况。常用于不同现象的比较，也可以采用时间顺序描述现象的发展趋势。在柱形图中，通常沿横坐标轴组织类别，沿纵坐标轴组织值。柱形图子类型如图 3-5.1 所示。

（2）折线图。

折线图是将图表中各点之间用线段相继连接起来而形成的连续图形，图中各点的高度代表该点的数据值。它一般用来描述某一变量在一段时间内的变动情况，能较好地反映事物的发展趋势。

在折线图中，类别数据沿水平轴均匀分布，所有值数据沿垂直轴均匀分布。折线图子类型如图 3-5.2 所示。

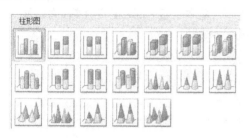

图 3-5.1　柱形图子类型

图 3-5.2　折线图子类型

（3）条形图。

排列在工作表的列或行中的数据可以绘制到条形图中。条形图显示各个项目之间的比较情况。通常，可与柱形图交换使用。条形图子类型如图 3-5.3 所示。

使用条形图的一般情况：

● 轴标签过长。

● 显示的数值是持续型的。

（4）饼图。

仅排列在工作表的一列或一行中的数据可以绘制到饼图中。饼图显示一个数据系列中各项的大小与各项总和的比例。饼图中的数据点显示为整个饼图的百分比。饼图子类型如图 3-5.4 所示。

图 3-5.3　条形图子类型

图 3-5.4　饼图子类型

使用饼图的一般情况：

● 仅有一个要绘制的数据系列。

● 要绘制的数值没有负值。

● 要绘制的数值几乎没有零值。

● 不超过七个类别。

● 各类别分别代表整个饼图的一部分。

（5）面积图。

面积图强调数量随时间变化的程度，也可用于引起人们对总值趋势的注意。例如，表示随时间而变化的利润的数据可以绘制在面积图中以强调总利润。通过显示所绘制的值的总和，面积图还可以显示部分与整体的关系。面积图子类型如图 3-5.5 所示。

（6）XY 散点图。

散点图显示若干数据系列中各数值之间的关系，或者将两组数绘制为 XY 坐标的一个系列。散点图有两个数值轴，沿横坐标轴（X 轴）方向显示一组数值数据，沿纵坐标轴（Y 轴）方向显示另一组数值数据。散点图将这些数值合并到单一数据点并按不均匀的间隔或簇来显示它们。散点图通常用于显示和比较数值，例如，科学数据、统计数据和工程数据。散点图子类型如图 3-5.6 所示。

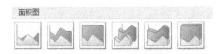

图 3-5.5　面积图子类型

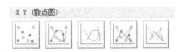

图 3-5.6　XY 散点图子类型

3. 图表元素（见图 3-5.7）

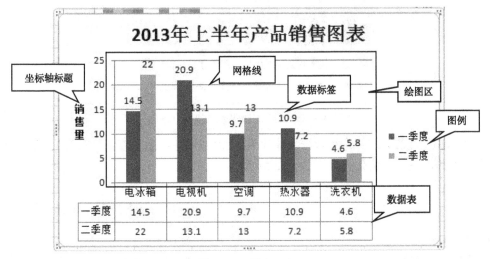

图 3-5.7　图表元素

活动 1　为“产品销售表”创建簇状柱形图

本活动的目的是为各产品每个季度销售量创建图表，其数据源是连续的。

【图示步骤】

Step 1　创建如图 3-5.8 所示的产品销售基本表，选中 A2:E7 单元格。

Step 2　单击“插入”选项卡下的“柱形图”按钮，在子图表类型中单击“簇状柱形图”按钮，如图 3-5.9 所示。

	A	B	C	D	E	F
1	2013年产品销售表					
2	产品名称	一季度	二季度	三季度	四季度	合计
3	电冰箱	14.5	22	21	15.4	72.9
4	电视机	20.9	13.1	16.7	21	71.7
5	空调	9.7	13	12.8	7.1	42.6
6	热水器	10.9	7.2	6.8	9.2	34.1
7	洗衣机	4.6	5.8	6.1	5.3	21.8

图 3-5.8　产品销售基本表

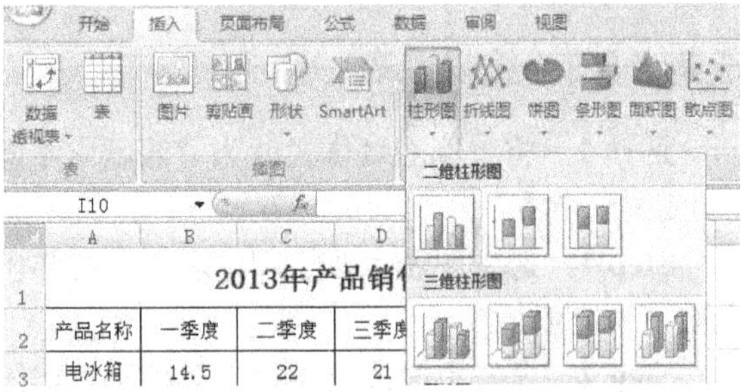

图 3-5.9　选中“簇状柱形图”

Step 3　插入如图 3-5.10 所示的图表。

活动 2　为“2013 年各产品年度销售量”创建簇状水平圆柱图

本活动的目的是为各产品年度总销售量创建图表，其数据源是不连续的。

【图示步骤】

Step 1　先选中 A2:A7 单元格，按住【Shift】键的同时选中 F2:F7 单元格。

Step 2　单击“插入”选项卡下的“条形图”按钮，在子图表类型中单击“簇状水平圆柱图”

按钮，如图 3-5.11 所示。

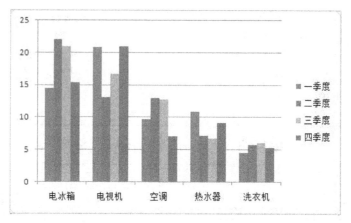

图 3-5.10 "产品销售表"簇状柱形图

Step 3 单击图表标题，将"合计"修改为"2013 年各产品年度销售量"，删除"合计"图例，完成图表的创建。完成效果如图 3-5.12 所示。

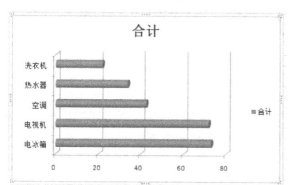

图 3-5.11 2013 年各产品年度销售量
簇状水平圆柱图 1

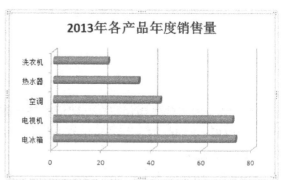

图 3-5.12 2013 年各产品年度销售量
簇状水平圆柱图 2

任务 3.5.2 编辑图表

活动 1 将上例图表样式改为"簇状水平圆锥图"

【图示步骤】

Step 1 选中图表，在绘图区右击，在弹出的如图 3-5.13 所示的快捷菜单中，选择"更改图表类型"选项。

Step 2 在"更改图表类型"对话框（如图 3-5.14 所示）中选择"簇状水平圆锥图"后，双击鼠标确认。完成效果如图 3-5.15 所示。

活动 2 增加图表元素

本活动的目的是为任务 3.5.1 活动二的"产品销售表"增加图表标题、数据标签、数据表等图表元素，并修改绘图区大小，令图表更直观。

【图示步骤】

Step 1 选中图表，依次选择"布局"→"图表标题"→"图表上方"命令，为图表增加文字内容为"2013 年各产品销售量"的标题。选中标题，单击"开始"选项卡，将标题修改为"华文仿宋", 20 号, 加粗。

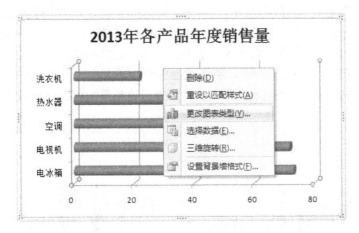

图 3-5.13 "更改图表类型" 快捷菜单

图 3-5.14 "更改图表类型" 对话框

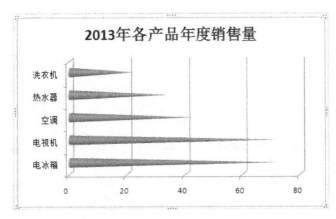

图 3-5.15 "更改图表类型" 后的效果图

Step 2 选择 "布局" → "坐标轴标题" → "主要纵坐标标题" → "竖排标题" 命令, 为图表增加文字内容为 "销售量" 的纵坐标标题。

Step 3 选择 "布局" → "数据标签" → "数据标签外" 命令, 为图表各数据增加数据标签。

选中数据标签，单击"开始"选项卡，将字体大小修改为 9 号。

Step 4 选择"布局"→"数据表"→"显示数据表和图例标识"命令，为图表增加数据表。

Step 5 因数据表中已有图例，删除图表右侧的图例。完成后的效果如图 3-5.16 所示。此时，数据标签内容显示重叠，且数据表与图表大小不协调，图表极不美观。

Step 6 单击图表右下角的控制点，将图表拖曳至合适大小。选中绘图区，拖曳绘图区右下角的控制点，将绘图区调大，数据表自动变小。完成后的效果如图 3-5.17 所示。

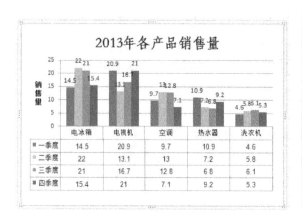

图 3-5.16 增加图表元素后的效果图   图 3-5.17 调整图表、绘图区大小后的效果图

【应用拓展】

（1）图表中的标题、数据标签、横纵坐标、图例、数据表等元素可以像单元格一样，设置字体。

（2）还可通过"设计"选项卡下的"图表布局"功能组快速设置图表元素。

活动 3 更改图表数据源

本活动的目的是在上例"产品销售表"的基础上，通过修改图表数据源，创建 "2013 年下半年产品销售表"。

【图示步骤】

Step 1 复制上例图表至工作表空白位置。

Step 2 选中图表，在绘图区右击，在弹出的如图 3-5.13 所示的快捷菜单中，选择"选择数据"命令，弹出如图 3-5.18 所示的"选择数据源"对话框。

图 3-5.18 "选择数据源"对话框

Step 3 删除"图例项"中的"一季度"和"二季度"，"图表数据区域"由"=Sheet1!\$A\$2:\$E\$7"

自动更改为=Sheet1!$A$2:$A$7,Sheet1!$D$2:$E$7,单击"确定"按钮,完成修改。效果如图 3-5.19
所示。

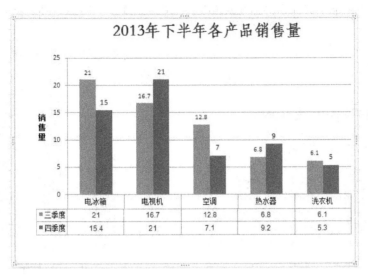

图 3-5.19 "2013 年下半年各产品销售量"效果图

【应用拓展】

图表数据源如果是不连续的,在"选择数据源"对话框中选定各不连续的数据区域后,需用逗号分隔。

活动 4 创建带趋势线的"电冰箱"销售分析图表

【图示步骤】

Step 1 选中 A2:E3 数据区域,创建如图 3-5.20 所示的"电冰箱"销售图表。

Step 2 选中图表中的任一图柱,右击,在弹出的快捷菜单中选择"添加数据标签"命令,为图表添加上数据标签。

Step 3 选中图表中的任一图柱,右击,在弹出的快捷菜单中选择"添加趋势线"命令,弹出如图 3-5.21 所示的"设置趋势线格式"对话框,选择"多项式"趋势线类型,"趋势线名称"选择"自定义",名称设置为"销售趋势线"。

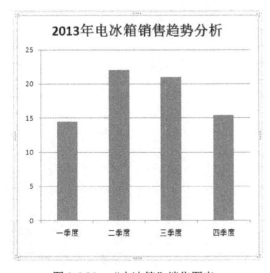

图 3-5.20 "电冰箱"销售图表

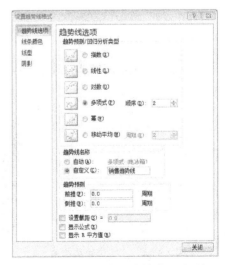

图 3-5.21 "设置趋势线格式"对话框

Step 4 单击"关闭"按钮，趋势线添加成功。

Step 5 选择"布局"→"图例"→"在底部显示图例"命令，添加图例，如图 3-5.22 所示。

Step 6 选中"图例"后，单击"电冰箱"，按【Delete】键删除。完成效果如图 3-5.23 所示。

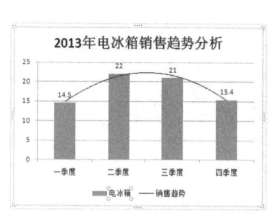

图 3-5.22 添加图例

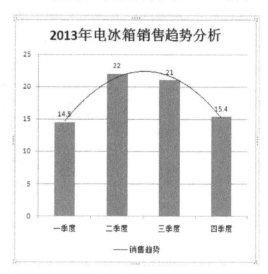

图 3-5.23 完成后的"电冰箱销售趋势分析"效果图

任务 3.5.3 格式化图表

活动 用渐变色填充"电冰箱销售趋势分析"

【图示步骤】

Step 1 选中上例创建的图表，在绘图区右击，在弹出的快捷菜单中选择"设置绘图区格式"命令，如图 3-5.24 所示。

Step 2 在弹出的"设置绘图区格式"对话框中按如图 3-5.25 所示进行修改。选择"渐变填充"单选项，将"预设颜色"修改为"羊皮纸"，"角度"修改为"60"，"光圈 1"颜色修改为"橄榄色，强调文字 3，淡色 40%"。

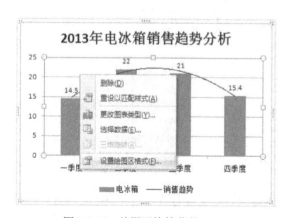

图 3-5.24 绘图区快捷菜单

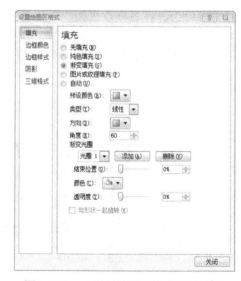

图 3-5.25 "设置绘图区格式"对话框

Step 3　单击"关闭"按钮，完成效果如图 3-5.26 所示。

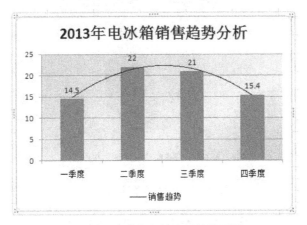

图 3-5.26　渐变色填充后的效果图

【应用拓展】

图表中的其他元素，包括标题、数据标签等，均可参照上述方法进行设置。

项目小结

本项目通过图表的方式直观地反映了销售数据的变化。通过本项目的学习，我们学习了如何创建图表，掌握了如何对图表进行修改与编辑，以及如何对图表进行美化操作。

项目实训

实训 3-5.1　制作账目支出图表

打开"实训 3-5.1 预算工作表.xlsx"工作簿，依次完成下列操作。

（1）创建"2011 年各项预算图表"：按照样图 3-5.27 所示，选取 Sheet1 中的适当数据，在 Sheet1 中创建一个"簇状柱形图"图表，图表样式：样式 1。

（2）创建"2011 年各项预算占比图表"：按照样图 3-5.28 所示，选取 Sheet1 中的适当数据，在 Sheet1 中创建一个"饼图"图表，图表样式 1：样式 8。图表标题字体为华文行楷、字号为 20 号，加粗。图例在图表底部显示。

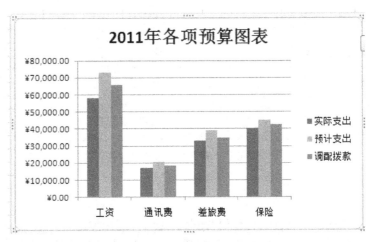

图 3-5.27　2011 年各项预算图表

图 3-5.28　2011 年各项预算占比

第二部分　综合操作

项目 3.6　资产负债表和损益表

【技能目标】

通过本项目的学习，学生应熟练掌握撤销工作表保护、Excel 中模板的调用、工作簿间数据的复制及公式的嵌入。

任务 3.6.1　模板的调用

【效果展示】

"资产负债表"效果如图 3-6.1 所示。

资 产	行次	年初数	期末数	资 产	行次	年初数	期末数
流动资产				流动负债			
货币资金	1			短期借债	46		
短期投资	2			应付票据	47		
应收票据	3			应付帐款	48		
应收帐款	4			国内票证结算	49		
减：坏帐准备	5			国际票证结算	50		
应收帐款净额	6			其他应付款	52		
预付帐款	7			应付工资	53		
其他应收款	8			应付福利费	54		
存货	9			未交税金	55		
待摊费用	10			未付利润	56		
待处理流动资产净损失	11			未交民航基础设施建设	57		
一年内到期的长期债券投资	12			其他未交款	58		
其他流动资产	13			其中：未交旅游发展	59		
				未交机场管理	60		
流动资产合计	20	0.00	0.00	预提费用	61		
				一年内到期的长期负债	62		
长期投资：				其他流动负债	63		
长期投资	21			流动负债合计	65	0.00	0.00
固定投资：							

图 3-6.1　"资产负债表"效果图

【图示步骤】

Step 1　打开"项目 3.6：资产负债表和损益表.xlsx"工作簿。

Step 2　打开现有模板文件"项目 3.6 素材模板.xltx"，选择"资产负债表"，右击，在弹出的快捷菜单中选择"移动或复制工作表"命令，如图 3-6.2 所示。

Step 3 在"移动或复制工作表"对话框中选择"项目 3.6：资产负债表和损益表.xlsx"工作簿，勾选"建立副本"复选框，如图 3-6.3 所示，单击"确定"按钮完成工作表的复制，结果参照效果图所示。

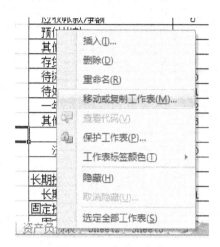

图 3-6.2　移动工作表　　　　　　　　　　　　　　图 3-6.3　完成复制

Step 4 选择"资产负债表"工作表，单击"审阅"功能选项卡，选择"撤销工作表保护"按钮，如图 3-6.4 所示。

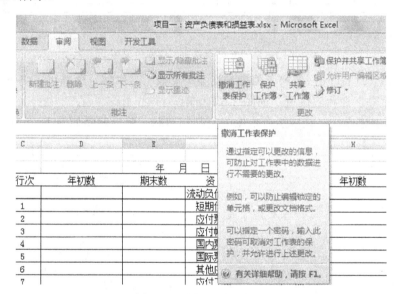

图 3-6.4　撤销工作表保护

任务 3.6.2　工作簿间数据的复制

【效果展示】

"资产负债表"完成效果如图 3-6.5 所示。

【图示步骤】

Step 1 打开"项目 3.6 素材 1.xlsx"工作簿，选择相应数据，单击鼠标右键，在弹出的快捷菜单中选择"复制"命令，如图 3-6.6 所示。

资 产 负 债 表

编制单位： 年 月 日

会航01表
单位：万元

资　产	行次	年初数	期末数	资　产	行次	年初数	期末数
流动资产				流动负债			
货币资金	1	364,452.78	2,763,123.95	短期借款	46	825,650.00	1,025,650.00
短期投资	2	98,000.00	89,456.23	应付票据	47	7,680.00	20,680.00
应收票据	3	42,300.00	45,623.00	应付账款	48	567,860.85	558,670.85
应收账款	4	786,512.12	1,238,792.56	国内票证结算	49	38,736.55	38,736.55
减：坏账准备	5			国际票证结算	50		
应收账款净额	6			其他应付款	52	48,650.00	63,039.73
预付账款	7	13,685.00	25,468.00	应付工资	53		
其他应收款	8	98,413.00	125,689.00	应付福利款	54	96,878.88	112,608.84
存货	9	1,267,985.00	24,309,875.00	未交税金	55	78,650.35	429,951.73
待摊费用	10	260,000.00	2,600.00	未付利润	56		15,000.00
待处理流动资产净损失	11			未交民航基础设施建设基金	57		
一年内到期的长期债权投资	12			其他未交款	58	48,760.56	191,418.09
其他流动资产	13			其中：未交旅游发展基金	59		
				未交机场管理建设	60		
流动资产合计	20	2,931,347.90	31,458,027.74	预提费用	61	106,678.22	168,790.22
				一年内到期的长期负债	62	194,340.25	194,340.25
长期投资				其他流动负债	63		
长期投资	21	186,786.80	204,286.80				
固定投资				流动负债合计	65	2,013,885.68	2,818,886.26
固定资产原价	23	16,328,650.48	17,260,530.57				
其中：融资租入固定资产	24			长期负债			
减：累计折旧	25	2,456,750.27	2,354,789.80	长期借款	66	919,800.00	919,800.00
固定资产净值	26			应付债券	67	200,000.00	640,000.00
固定资产清理	27	84,868.78	235,334.74	长期应付款	68	305,855.99	555,855.99
在建工程	28	736,677.95	358,017.56	其他长期负债	75		
待处理固定资产净损失	29	3,685.65	3,685.65				
				长期负债合计	76	1,425,655.99	2,115,655.99
固定资产合计	35	14,697,132.20	15,502,778.72				
				所有者权益：			
无形及递延资产				实收资本	78	15,000,000.00	15,250,000.00
无形资产	36	1,000,000.00	1,000,000.00	资本公积	79	65,650.00	66,150.00
递延资产	37	60,050.00	66,808.00	盈余公积	80	3,000.00	95,431.49
				未分配利润	81	36,550.00	440,126.82
无形及递延资产合计	40	1,060,050.00	1,066,808.00				
其他资产				所有者权益合计	85	15,105,200.00	15,851,708.31
其他长期资产	41						
资产总计	45	18,875,316.90	48,231,901.26	负债及所有者权益总计	90	18,544,741.67	20,786,250.56

补充资料：商业承兑汇票贴现　　　　　　　　　元

图 3-6.5　"资产负债表"完成效果图

Step 2　选择"项目 3.6：资产负债表和损益表.xlsx"工作簿，选择"资产负债表"工作表，将复制的数据"粘贴"在相应位置，如图 3-6.7 所示。

Step 3　重复上述操作，完成所有数据的复制和粘贴，结果参照如图 3-6.5 所示效果图。

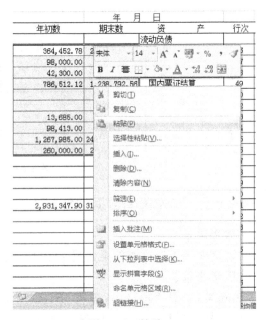

图 3-6.6　复制　　　　　　　　　　　　　图 3-6.7　粘贴

任务 3.6.3 公式的嵌入

【效果展示】

"损益表"完成效果如图 3-6.8 所示。

<table>
<tr><td colspan="5" align="center">损 益 表</td></tr>
<tr><td></td><td></td><td></td><td colspan="2">会航02表</td></tr>
<tr><td>编制单位：</td><td></td><td></td><td colspan="2">单位：元</td></tr>
<tr><td colspan="2" align="center">项　　目</td><td>行次</td><td>本月数</td><td>本年累计数</td></tr>
<tr><td colspan="2">一、主营业务收入</td><td>1</td><td>3,066,368.85</td><td>18,996,023.65</td></tr>
<tr><td></td><td>减：主营业务成本</td><td>2</td><td>2,065,186.53</td><td>13,498,675.25</td></tr>
<tr><td></td><td>销售费用</td><td>3</td><td>1,236.00</td><td>6,573.00</td></tr>
<tr><td></td><td>销售税金及附加</td><td>4</td><td>88,456.96</td><td>123,567.87</td></tr>
<tr><td colspan="2">二、主营业务利润（亏损以"-"号表示）</td><td>7</td><td>911,489.36</td><td>5,367,207.53</td></tr>
<tr><td></td><td>加：其他业务利润（亏损以"-"号表示）</td><td>9</td><td>8,756.12</td><td>236,023.00</td></tr>
<tr><td></td><td>减：管理费用</td><td>10</td><td>13,256.78</td><td>451,236.54</td></tr>
<tr><td></td><td>财务费用</td><td>11</td><td>4,500.32</td><td>326,541.84</td></tr>
<tr><td colspan="2">三、营业利润（亏损以"-"号表示）</td><td>14</td><td>902,488.38</td><td>4,825,452.15</td></tr>
<tr><td></td><td>加：投资收益（亏损以"-"号表示）</td><td>15</td><td>2,362.24</td><td>10,236.00</td></tr>
<tr><td></td><td>营业外收入</td><td>16</td><td>1,564.96</td><td>12,567.00</td></tr>
<tr><td></td><td>减：营业外支出</td><td>17</td><td>3,987.45</td><td>36,987.00</td></tr>
<tr><td colspan="2">四、利润总额</td><td>20</td><td>902,428.13</td><td>4,811,268.15</td></tr>
</table>

图 3-6.8 "损益表"效果图

【图示步骤】

Step 1 打开模板"项目 3.6 素材模板"工作簿，选择"损益表"工作表，选择存放公式的单元格，右击，在弹出的快捷菜单中选择"复制"选项，如图 3-6.9 所示。

Step 2 打开"项目 3.6：资产负债表和损益表.xlsx"工作簿，选择"损益表"工作表，选择需要粘贴公式的单元格，右击，在弹出的快捷菜单中选择"粘贴"选项，如图 3-6.10 所示，完成公式的嵌入，结果参照效果图所示。

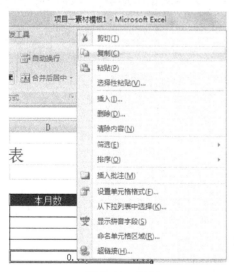

图 3-6.9 复制

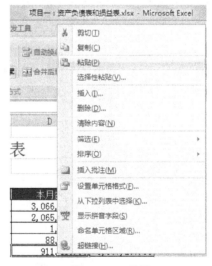

图 3-6.10 粘贴

项目小结

通过本项目的学习，我们学会了 Excel 中使用模板创建新的表格，在工作簿中复制、粘贴数据和公式。

项目实训

打开"项目 3.6 练习.xlsx"工作簿，完成下列操作。

（1）模板调用：调用现有模板"经济社会发展计划"，将该工作簿的"调控计划表一"复制到"项目一练习.xlsx"中，重命名为"调控计划表"，撤销工作表保护。

（2）工作簿间数据的复制：按如图 3-6.11 所示，将"项目 3.6 练习素材.xlsx"工作簿 Sheet1 工作表中的数据复制到"调控计划表"工作表中对应的位置。

国民经济和社会发展主要计划
（调控计划一）

指标名称	单位	上年	当年		下年			
		实际	实际	比上年增长%	保证	比上年增长%	争取	比上年增长%
1、综合指标		20236.3	24378.9	20.47%	30015.1	23.12%	31342.35	28.56%
地区国内生产总值		20188.3	24362.9	20.68%	28537.65	17.14%	29410.58	20.72%
其中：第一产业增加值		5288.6	5800	9.67%	6311.4	8.82%	6860.25	18.28%
第二产业增加值		9012.2	11699.9	29.82%	14386.89	22.97%	15288.24	30.67%
第三产业增加值		5797.5	6864.3	18.40%	7931.56	15.55%	8237.56	20.01%
人均国内生产总值		1758	2093	19.06%	2368	13.14%	2669	27.52%
2、全社会固定资产投资		4449.29	7854.98	76.54%	11256.68	43.31%	13250	68.68%
其中：第一产业		2918.64	5273.64	80.69%	7829.34	48.46%	9528.85	80.69%
第二产业		1029.26	1754.91	70.50%	2568.45	46.36%	2993.16	70.56%
第三产业		829.48	1359.35	63.88%	1887.32	38.84%	2237.45	64.60%
其中：区属部分		263.38	364.49	38.39%	569.32	56.20%	689.12	89.06%
乡镇及以下部分		566.1	994.86	75.74%	1356.58	36.36%	1631.42	63.98%
3、出口商品交货值		620.9	849.4	36.80%	989.12	16.45%	985.78	16.06%
4、地方财政收入		2503.9	2503.9	0.00%	3187.46	27.30%	3391.5	35.45%

图 3-6.11　样图 1

（3）公式的嵌入：按如图 3-6.12 所示，将"经济社会发展计划.xltx"工作簿"工资表"中的公式嵌入到"项目 3.6 练习.xlsx"工作簿 Sheet1 工作表中的相应位置，完成应发工资的计算。

工资表

姓名	性别	基本工资	岗位津贴	生活补贴	违纪扣除	应发工资
张天义	男	195	20	65	20	260
陈利林	女	290	20	65	25	350
程小梅	女	230	30	65	10	315
吴佳	女	265	50	65	14	366
周程	男	200	50	65	6	309
孙艳涛	女	223	50	65	23	315
刘志强	男	290	30	65	20	365
胡鹏飞	男	289	40	65	5	389
程思思	女	278	40	65	8	375
何小飞	男	235	30	65	8	322
刘梁	男	265	50	65	1	379

图 3-6.12　样图 2

项目 3.7　贷款偿还试算表

【技能目标】

通过本项目的学习，学生应熟练掌握常用财务函数在实际工作生活中的应用及财务数据的格式设置，能够运用所学知识解决工作生活中的单双变量问题，理解方案管理的作用，并会创建、编辑、总结方案。

任务 3.7.1 重命名工作表及财务数据的格式设置

活动 1 重命名工作表
【效果展示】

重命名效果如图 3-7.1 所示。

图 3-7.1 效果图

【图示步骤】

Step 1 打开"贷款偿还试算表.xlsx"工作簿，选择 Sheet1 工作表。

Step 2 右击，在弹出的快捷菜单中选择"重命名"命令，如图 3-7.2 所示。

Step 3 在光标活动处输入"贷款偿还试算表"，如图 3-7.3 所示。

图 3-7.2 右键快捷菜单

图 3-7.3 重命名

活动 2 设置数据格式
【效果展示】

完成效果如图 3-7.4 所示。

贷款偿还试算表

		年利率变化	月偿还额
			¥-6,598.89
贷款额	700000	3%	¥-6,759.25
年利率	2.50%	3.50%	¥-6,922.01
贷款期限（月）	120	4%	¥-7,087.16
		4.50%	¥-7,254.69
		5%	¥-7,424.59

图 3-7.4 效果图

【图示步骤】

Step 1 打开"贷款偿还试算表.xlsx"工作簿，选择 Sheet1 工作表。

Step 2 选择 E3:E8"月偿还额"一列单元格，右击，弹出的快捷菜单中选择"设置单元格格式"命令，如图 3-7.5 所示。

图 3-7.5 右键快捷菜单

Step 3 在"设置单元格格式"对话框中选择"数字"→"货币"命令,设置"小数位数"为 2,"货币符号"为 ¥,在"负数"列表中选择相应的格式,单击"确定"按钮,如图 3-7.6 所示。

任务 3.7.2 运用 PMT 财务函数计算"每月应付款"

【效果展示】

完成效果如图 3-7.7 所示。

还款计算表1	
贷款额(元)	¥250,000.00
年利率	20%
贷款期限(月)	120
每月应付款(元)	¥-4,831.39

图 3-7.6 "设置单元格格式"对话框   图 3-7.7 效果图

【图示步骤】

Step 1 打开"贷款偿还试算表.xlsx"工作簿,选择 Sheet2 工作表。

Step 2 选择 C6 单元格插入财务函数 PMT,其参数设置如图 3-7.8 所示,单击"确定"按钮完成公式计算。

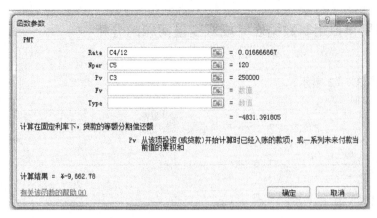

图 3-7.8　设置 PMT 函数的参数

Step 3　参照效果图设置其单元格格式。

任务 3.7.3　运用模拟运算数据表进行单变量问题的分析

【效果展示】

完成效果如图 3-7.9 所示。

贷款偿还试算表

		年利率变化	月偿还额
			¥-6,598.89
贷款额	700000	3%	¥-6,759.25
年利率	2.50%	3.50%	¥-6,922.01
贷款期限（月）	120	4%	¥-7,087.16
		4.50%	¥-7,254.69
		5%	¥-7,424.59

图 3-7.9　效果图

【图示步骤】

Step 1　打开"贷款偿还试算表.xlsx"工作簿，选择"贷款偿还试算表"工作表。

Step 2　选择 E3 单元格插入财务函数 PMT，其参数设置如图 3-7.10 所示，单击"确定"按钮完成公式计算。

Step 3　选择 D3:E8 单元格区域，单击"数据"选项卡，选择"假设分析"中的"数据表"命令，弹出"数据表"对话框，设置引用列的单元格为$C$5，如图 3-7.11 所示。

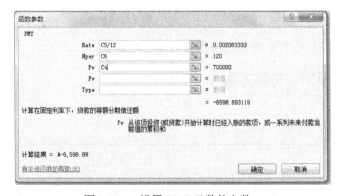

图 3-7.10　设置 PMT 函数的参数

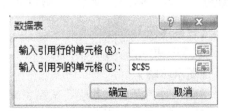

图 3-7.11　"数据表"对话框

Step 4　单击"确定"按钮，完成单变量分析，结果参照效果图。

任务 3.7.4 运用模拟运算数据表完成双变量问题的分析

【效果展示】

完成效果如图 3-7.12 所示。

还款计算表2			
根据贷款期限（120个月）以及贷款额、贷款年利率计算每月付款额			
¥0	2.50%	3.00%	3.50%	4.00%
¥160,000.00	¥-1,508.32	¥-1,544.97	¥-1,582.17	¥-1,619.92
¥150,000.00	¥-1,414.05	¥-1,448.41	¥-1,483.29	¥-1,518.68
¥140,000.00	¥-1,319.78	¥-1,351.85	¥-1,384.40	¥-1,417.43
¥130,000.00	¥-1,225.51	¥-1,255.29	¥-1,285.52	¥-1,316.19
¥120,000.00	¥-1,131.24	¥-1,158.73	¥-1,186.63	¥-1,214.94
¥110,000.00	¥-1,036.97	¥-1,062.17	¥-1,087.74	¥-1,113.70
¥100,000.00	¥-942.70	¥-965.61	¥-988.86	¥-1,012.45

图 3-7.12 效果图

【图示步骤】

Step 1 打开"贷款偿还试算表.xlsx"工作簿，选择 Sheet3 工作表。

Step 2 选择 B4 单元格插入财务函数 PMT，其参数设置如图 3-7.13 所示，Rate 参数选择 G4 单元格并除以 12，Nper 参数设置为 120，Pv 参数选择 B12 单元格，单击"确定"按钮完成公式计算，B4 单元格的值为 0。

Step 3 选择 B4:F11 单元格区域，单击"数据"选项卡，选择"假设分析"中的"数据表"命令，弹出"数据表"对话框，设置"输入引用行的单元格"为$G$4，"输入引用列的单元格"为$B$12，效果如图 3-7.14 所示。

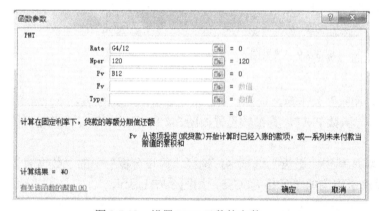

图 3-7.13 设置 PMT 函数的参数　　　　　　图 3-7.14 "数据表"对话框

Step 4 单击"确定"按钮，完成双变量分析，参照效果图设置单元格格式。

任务 3.7.5 运用方案管理器创建、编辑、总结方案

【效果展示】

完成效果如图 3-7.15 所示。

【图示步骤】

Step 1 打开"贷款偿还试算表.xlsx"工作簿。

Step 2 单击"数据"选项卡，选择"假设分析"中的"方案管理器"命令，打开"方案管理器"对话框，如图 3-7.16 所示。

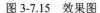

方案摘要		
	当前值:	贷款偿还方案
可变单元格:		
$D$4	3%	6%
$D$5	3.50%	7.00%
$D$6	4%	8%
$D$7	4.50%	9.00%
$D$8	5%	10%
结果单元格:		
$E$4	¥-6,759.25	¥-7,771.44
$E$5	¥-6,922.01	¥-8,127.59
$E$6	¥-7,087.16	¥-8,492.93
$E$7	¥-7,254.69	¥-8,867.30
$E$8	¥-7,424.59	¥-9,250.55

注释: "当前值"这一列表示的是在
建立方案汇总时,可变单元格的值。
每组方案的可变单元格均以灰色底纹突出显示。

图 3-7.15 效果图

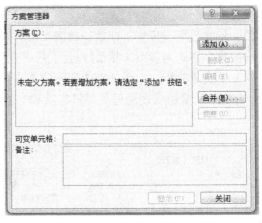

图 3-7.16 "方案管理器"对话框

Step 3 单击"添加"按钮,在"编辑方案"对话框中输入方案名称,在"可变单元格"中输入$D$4:$D$8,效果如图 3-7.17 所示。

Step 4 单击"确定"按钮,打开"方案变量值"对话框,按要求设置其变量值,效果如图 3-7.18 所示。

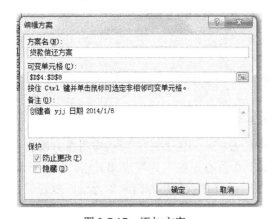

图 3-7.17 添加方案

图 3-7.18 设置"方案变量值"

Step 5 单击"确定"按钮返回到"方案管理器"对话框中,单击对话框右侧的"摘要"按钮,弹出"方案摘要"对话框,在其中选择"报告类型"为"方案摘要",将"结果单元格"设置为"=$E$4:$E$8",如图 3-7.19 所示。

Step 6 单击"确定"按钮完成方案的创建。

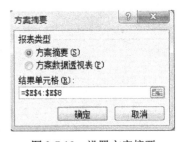

图 3-7.19 设置方案摘要

项目小结

通过本项目的学习,我们学会了设置财务数据的格式、财务函数的使用、模拟运算和方案管理器。

项目实训

打开"项目 3.7 练习.xlsx"工作簿,完成下列操作:

(1)重命名工作表:将 Sheet1 工作表重命名为"存款计算表"。

(2)公式的运用:按照如图 3-7.20 所示样图利用公式 FV 计算出"存款计算表 1"中的"最

终存款额"。

（3）格式设置：设置"存款计算表 1"、"存款计算表 2"、"存款计算表 3"中"最终存款额"单元格的数字格式为货币（货币符号为¥），保留两位小数。

（4）单变量分析：如图 3-7.21 所示样图在"存款计算表 2"中运用模拟运算表完成单变量的分析，运用 FV 函数实现通过"每月存款额"的变化计算"最终存款额"的功能。

存款计算表1	
每月存款额	−3000
年利率	2.50%
存款期限（月）	240
最终存款额	¥932,924.12

图 3-7.20　样图 1

存款计算表2			
最终存款额试算表		每月存款额变化	最终存款额
			¥124,887.29
每月存款额	−1000	−1500	¥187,330.93
年利率	0.80%	−2000	¥249,774.58
存款期限（月）	120	−2500	¥312,218.22
		−3000	¥374,661.87

图 3-7.21　样图 2

（5）双变量分析：如图 3-7.22 所示样图运用模拟运算表来进行双变量的分析，并计算出在"存款计算表 3"为 60 个月时，"最终存款额"随"每月存款额"和"年利率"的变化而相应变化的结果。

存款计算表3				
根据存款期限（60个月）以及每月存款额、存款年利率计算最终存款额				
¥0.00	−3500	−4000	−4500	−5000
3.00%	¥226,263.49	¥258,586.85	¥290,910.21	¥323,233.56
3.50%	¥229,131.39	¥261,864.45	¥294,597.51	¥327,330.56
4.00%	¥232,046.42	¥265,195.91	¥298,345.40	¥331,494.89
4.50%	¥235,009.43	¥268,582.21	¥302,154.98	¥335,727.76
5.00%	¥238,021.29	¥272,024.33	¥306,027.37	¥340,030.41
5.50%	¥241,082.88	¥275,523.29	¥309,963.70	¥344,404.12

图 3-7.22　样图 3

（6）创建、编辑、总结方案：使用 Sheet2 工作表中的数据，如图 3-7.23 所示样图在方案管理器中添加一个方案，命名为"最终存款额方案"；设置"每月存款额"为可变单元格，输入一组可变单元格的值为−3500、−4000、−4500 和−5000；设置"最终存款额"为结果单元格，报告类型为"方案摘要"。

方案摘要		
	当前值：	KS5−4
可变单元格：		
$D$4	−1500	−3500
$D$5	−2000	−4000
$D$6	−2500	−4500
$D$7	−3000	−5000
结果单元格：		
$E$4	¥187,330.93	¥437,105.51
$E$5	¥249,774.58	¥499,549.16
$E$6	¥312,218.22	¥561,992.80
$E$7	¥374,661.87	¥624,436.45

注释："当前值"这一列表示的是在建立方案汇总时，可变单元格的值。每组方案的可变单元格均以灰色底纹突出显示。

图 3-7.23　样图 4

项目 3.8　超市日用品销售一览表

【技能目标】

通过本项目的学习，学生应熟练掌握对数据的合并计算，包括同一工作簿中数据的合并计算和不同工作簿中数据的合并计算数据链接问题，以及工作簿的共享。

任务 3.8.1　合并计算

【效果展示】

完成效果如图 3-8.1 所示。

某超市7月份日用品销售一览表				
商品名称	商品编号	商品规格	计价单位	销售额（元）
香皂	0187	30克	块	123500
洗衣粉	0181	1000克	袋	98300
肥皂	0277	40克	块	75000
洗衣液	0249	600毫升	瓶	122000
柔顺剂	0200	500毫升	瓶	102000
漂白液	0246	355毫升	瓶	108000
去渍液	0261	250毫升	瓶	82000
毛巾	0278	20*40厘米	条	61000
浴巾	0263	60*120厘米	条	93000
洗发水	0211	600毫升	条	65000

图 3-8.1　效果图

【图示步骤】

Step 1　打开"超市日用品销售一览表.xlsx"工作簿。

Step 2　选择 Sheet1 工作表，单击要存放合并计算结果的单元格 L20。

Step 3　单击"数据"功能选项卡中的"合并计算"命令，在"合并计算"对话框中设置相应参数，"函数"选择求和，"引用位置"选择单元格区域为"Sheet1!$F$20:$F$29"，"所有引用位置"选择单元格区域"Sheet1!$F$20:$F$29"，单击"添加"按钮，参数选择如图 3-8.2 所示。

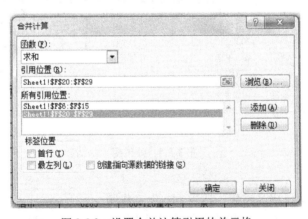

图 3-8.2　设置合并计算引用的单元格

Step 4　单击"确定"按钮完成合并计算，结果参照效果图如 3-8.1 所示。

任务 3.8.2　定义单元格名称、工作簿链接

活动 1　定义单元格名称

【图示步骤】

Step 1　打开"项目 3.8 素材 1.xlsx"工作簿。

Step 2　选择 Sheet1 工作表，选中要定义名称的单元格区域 B4:F13，在名称框中输入"规划

路店"按【Enter】键，效果如图 3-8.3 所示。

Step 3 将文件以"sc1.xlsx"的文件名另存在桌面上。

Step 4 打开"项目 3.8 素材 2.xlsx"工作簿。

Step 5 选择 Sheet1 工作表，选中要定义名称的单元格区域 B4:F13，在名称框中输入"环卫路店"按【Enter】键，效果如图 3-8.4 所示。

图 3-8.3 定义单元格区域 1

图 3-8.4 定义单元格区域 2

Step 6 将文件以"sc2.xlsx"的文件名另存在桌面上。

活动 2 合并数据链接

【效果展示】

效果如图 3-8.5 所示。

图 3-8.5 效果图

【图示步骤】

Step 1 打开"超市日用品销售一览表.xlsx"工作簿。

Step 2 选择 Sheet1 工作表，单击存放合并计算结果的单元格 B4。

Step 3 单击"数据"功能选项卡，选择"合并计算"命令，在"合并计算"对话框中设置相应参数，"函数"选择"求和"，"引用位置"单击"浏览"按钮，选择桌面文件"sc1.xlsx"工作簿，在引用位置单元格地址后面输入"规划路店"，效果如图 3-8.6 所示，单击"添加"按钮添加数据到"所有引用位置"，重复上述操作，将文件"sc2.xlsx"工作簿中"环卫路店"的数据添加到"所有引用位置"，结果如图 3-8.7 所示。

Step 4 "标签位置"选择"最左列"和"创建指向源数据的链接"复选框。

Step 5 单击"确定"按钮，完成合并计算及数据链接，结果参照效果图。

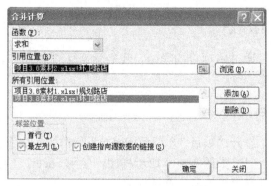

图 3-8.6　为合并计算添加引用位置　　　　　图 3-8.7　为合并添加引用位置和参数

任务 3.8.3　工作簿的共享

【图示步骤】

Step 1　打开"超市日用品销售一览表.xlsx"工作簿。

Step 2　单击"审阅"功能选项卡中的"共享工作簿"命令，如图 3-8.8 所示。

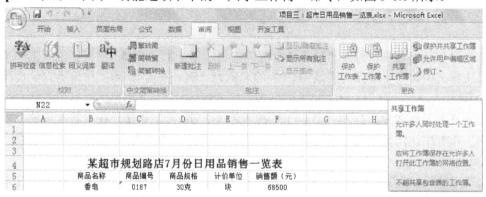

图 3-8.8　选择"共享工作簿"

Step 3　在"共享工作簿"对话框"编辑"选项卡中勾选"允许多用户同时编辑，同时允许工作簿合并"复选框，如图 3-8.9 所示。

Step 4　单击"确定"按钮，完成工作簿的共享设置。

图 3-8.9　设置共享工作簿

项目小结

通过本项目的学习，我们学会了合并计算、定义单元格区域名称、工作簿链接和工作簿的共享。

项目实训

打开"项目 3.8 练习.xlsx"工作簿，完成下列操作。

（1）如图 3-8.10 所示样图，使用 Sheet1 工作表中的相关数据，在"某工厂全年生产一览表"中进行"平均值"合并计算。

某工厂全年生产一览表			
车间	产品规格（#）	不合格产品（件）	合格产品（件）
第一车间	35	451	411
第二车间	35	590	530
第三车间	43	588	519
第四车间	43	479	442

图 3-8.10　样图 1

（2）定义单元格名称：打开"项目 3.8 练习素材 1.xlsx"工作簿，在"某工厂第一季度生产情况表"工作表中，定义单元格区域 B4:E7 的名称为"第一季度"，将工作簿另存到桌面，命名为 sc3-1.xlsx。

（3）定义单元格名称：打开"项目 3.8 练习素材 2.xlsx"工作簿，在"某工厂第二季度生产情况表"工作表中，定义单元格区域 B4:E7 的名称为"第二季度"，将工作簿另存到桌面，命名为 sc3-2.xlsx。

（4）工作簿链接：按照如图 3-8.11 所示样图，将 sc3-1.xlsx 和 sc3-2.xlsx 工作簿中已定义的单元格区域"第一季度"和"第二季度"中的数据进行"平均值"合并计算，结果链接到"项目三练习.xlsx"工作簿 Sheet2 工作表的相应位置。

		A	B	C	D	E	F
	1						
	2				某工厂上半年生产一览表表		
	3		车间		产品规格（#）	不合格产品（件）	合格产品（件）
+	6		第一车间		35	388.5	367.5
+	9		第二车间		35	394	327
+	12		第三车间		43	454.5	388.5
+	15		第四车间		43	498.5	450.5

图 3-8.11　样图 2

（5）共享工作簿：将"项目 3.8 练习.xlsx"工作簿设置为允许多用户编辑共享。

项目 3.9　公司员工基本信息一览表

技能目标

通过本项目的学习，学生应熟练掌握在 Excel 中如何导入外部数据，冻结拆分窗口的设置与取消以及数据有效性的设置。

任务 3.9.1 导入数据

活动 1 导入外部数据

【效果展示】

效果如图 3-9.1 所示。

	A	B	C	D	E	F	G	H	I	J
1	某公司职员	基本信	息一览表							
2	职工编号	姓名	性别	民族	政治面貌	出生年月	入职时间	技术职称	所属部门	联系电话
3	0001	黄亮	男	汉	党员	1975/3/9	1998/9/4	高级	市场部	139****6578
4	0002	张馨予	女	汉	群众	1983/10/10	2009/4/19	中级	营销部	189****0283
5	0003	王潇	男	回	群众	1983/10/9	2009/4/23	中级	财务部	186****9812
6	0004	刘丽华	女	汉	党员	1973/8/23	1999/10/12	高级	开发部	137****5472
7	0005	蒋华春	男	汉	党员	1976/2/13	1998/9/4	高级	市场部	139****7865
8	0006	肖和军	男	汉	群众	1982/6/28	2009/7/19	中级	营销部	139****8302
9	0007	张晓鹏	男	回	群众	1980/11/3	2009/4/23	中级	财务部	187****1298
10	0008	李纯	女	汉	党员	1986/8/28	2009/10/21	初级	开发部	137****7254
11	0009	王霞	女	汉	党员	1985/3/9	2007/3/7	初级	市场部	139****2387
12	0010	马丽书	女	汉	群众	1983/3/20	2009/4/19	中级	营销部	189****4365
13	0011	曲丽颖	女	回	群众	1984/12/19	2009/4/23	中级	财务部	186****8634
14	0012	张立顺	男	汉	党员	1977/2/21	1999/10/12	高级	开发部	137****9745
15	0013	蒋华春	男	汉	党员	1976/2/13	1998/9/4	高级	市场部	139****4266
16	0014	赵旭	男	汉	群众	1986/6/28	2007/3/19	中级	营销部	139****3564
17	0015	钱丽久	男	回	群众	1983/11/12	2005/4/23	中级	财务部	187****7547
18	0016	孙凯	男	汉	党员	1982/8/24	2006/11/22	初级	开发部	137****7236
19	0017	周丽颖	女	汉	党员	1986/8/28	2009/10/21	初级	开发部	137****7567
20	0018	郑翔宇	女	汉	党员	1985/3/9	2007/3/7	初级	市场部	139****0967
21	0019	韩丽雅	女	汉	群众	1983/3/20	2009/4/19	中级	营销部	189****1243
22	0020	王殿宇	男	回	群众	1984/12/19	2007/4/23	中级	财务部	186****6784

图 3-9.1 效果图

【图示步骤】

Step 1 新建一个名称为"公司员工基本信息一览表.xlsx"的工作簿。

Step 2 选择 Sheet1 工作表中要存放数据的单元格 A1。

Step 3 单击"数据"功能选项卡，选择"获取外部数据"中的"自文本"命令，如图 3-9.2 所示。

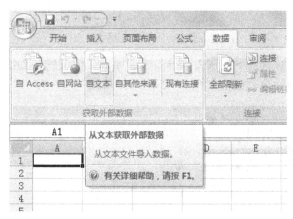

图 3-9.2 选择获取外部数据

Step 4 在"导入文本文件"对话框中选择要导入的"项目 3.9 素材.txt"文件，如图 3-9.3 所示，单击"导入"按钮。

Step 5 进入"文本导入向导-步骤 1"界面，选择"固定宽度"单选项，"导入起始行"设置为 1，"文件原始格式"为默认的"936 简体中文"，如图 3-9.4 所示，单击"下一步"按钮。

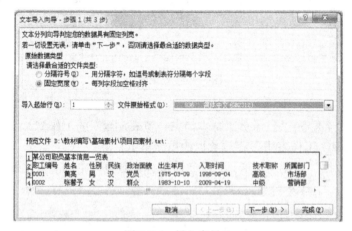

图 3-9.3　导入文本文件

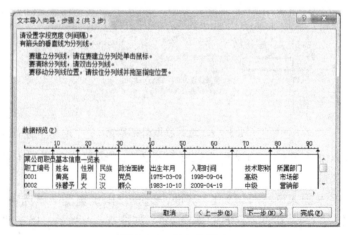

图 3-9.4　导入向导 1

Step 6　进入"文本导入向导-步骤 2"界面，通过调节带箭头的分列线调整设置"字段宽度"，通过单击或双击添加或删除分列线，如图 **3-9.5** 所示，单击"下一步"按钮。

图 3-9.5　导入向导 2

Step 7 进入"文本导入向导–步骤 3"界面，选择要导入的列，并设置数据格式，如图 3-9.6 所示，单击"完成"按钮。

Step 8 打开"导入数据"对话框，选择数据的放置位置，如图 3-9.7 所示，单击"确定"按钮，完成数据的导入，结果参照效果图所示，保存导入数据。

图 3-9.6　导入向导 3

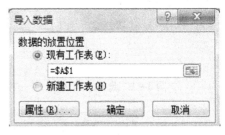

图 3-9.7　选择数据的放置位置

活动 2　导入 *.xlsx 电子表格文件

【效果展示】

效果如图 3-9.8 所示。

	A	B	C	D	E	F	G	H	I	J
1	某公司职员基本信息一览表	F2	F3	F4	F5	F6	F7	F8	F9	F10
2	职工编号	姓名	性别	民族	政治面貌			技术职称	所属部门	联系电话
3	0001	黄亮	男	汉	党员	1975/3/9	1998/9/4	高级	市场部	139****6578
4	0002	张馨予	女	汉	群众	1983/10/10	2009/4/19	中级	营销部	189****0283
5	0003	王潇	男	回	群众	1983/10/9	2009/4/23	中级	财务部	186****9812
6	0004	刘丽华	女	汉	党员	1973/8/23	1999/10/12	高级	开发部	137****5472
7	0005	蒋华春	男	汉	党员	1976/2/13	1998/9/4	高级	市场部	139****7865
8	0006	肖和军	男	汉	党员	1982/6/28	2009/7/19	中级	营销部	139****8302
9	0007	张晓鹏	男	回	群众	1980/11/3	2009/4/23	中级	财务部	187****1298
10	0008	李纯	女	汉	党员	1986/8/28	2009/10/21	初级	开发部	137****7254
11	0009	王霞	女	汉	党员	1985/3/9	2007/3/7	初级	市场部	139****2387
12	0010	马丽书	女	汉	群众	1983/3/20	2009/4/19	中级	营销部	189****4365
13	0011	曲丽颖	女	回	群众	1984/12/19	2007/4/23	中级	财务部	186****8634
14	0012	张立顺	男	汉	党员	1977/2/21	1999/10/12	高级	开发部	137****9745
15	0013	蒋华春	男	汉	党员	1976/2/13	1998/9/4	高级	市场部	139****4266
16	0014	赵旭	男	汉	群众	1986/6/28	2007/3/19	中级	营销部	139****3564
17	0015	钱丽久	男	回	群众	1983/11/12	2005/4/23	中级	财务部	187****7547
18	0016	孙凯	男	汉	党员	1982/8/24	2006/11/22	初级	开发部	137****7280
19	0017	周丽颖	女	汉	党员	1986/8/28	2009/10/21	初级	开发部	137****7567
20	0018	郑翔宇	女	汉	党员	1985/3/9	2007/3/7	初级	市场部	139****0967
21	0019	韩丽雅	女	汉	群众	1983/3/20	2009/4/19	中级	营销部	189****1243
22	0020	王殿宇	男	回	群众	1984/12/19	2007/4/23	中级	财务部	186****6784

图 3-9.8　效果图

【图示步骤】

Step 1 打开"公司员工基本信息一览表.xlsx"工作簿。

Step 2 选择 Sheet2 工作表中要存放数据的单元格 A1。

Step 3 单击"数据"功能选项卡，选择"获取外部数据"中的"自 Access"命令，如图 3-9.9 所示。

Step 4 在"选取数据源"对话框中的文件类型中选择"所有文件"，如图 3-9.10 所示。

Step 5 选择"项目 3.9 素材 2.xlsx"，单击"打开"按钮，如图 3-9.11 所示。

Step 6 进入"选择表格"对话框中，选择存放数据的 Sheet1$工作表，单击"确定"按钮，如图 3-9.12 所示。

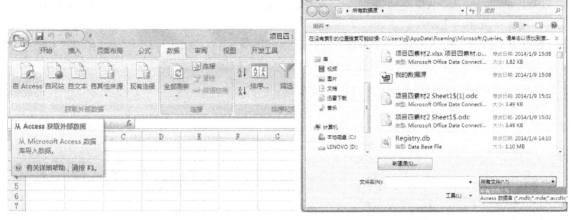

图 3-9.9 选择"自 Access"数据　　　　　　　　图 3-9.10 选取数据源

图 3-9.11 打开选择素材

Step 7 进入"导入数据"对话框，选择显示方式及放置的位置，如图 3-9.13 所示，单击"确定"按钮，完成数据的导入，结果参照效果图。

图 3-9.12 选择数据表格

图 3-9.13 选择位置

任务 3.9.2　冻结窗格

【效果展示】

效果如图 3-9.14 所示。

图 3-9.14　效果图

【图示步骤】

Step 1　打开"公司员工基本信息一览表.xlsx"，选择 Sheet1 工作表。

Step 2　选择前两行和最左边两列交叉的右下角单元格 C3。

Step 3　单击"视图"功能选项卡"冻结窗格"中的"冻结拆分窗格"命令，如图 3-9.15 所示，完成窗格的冻结操作，结果参照效果图所示。

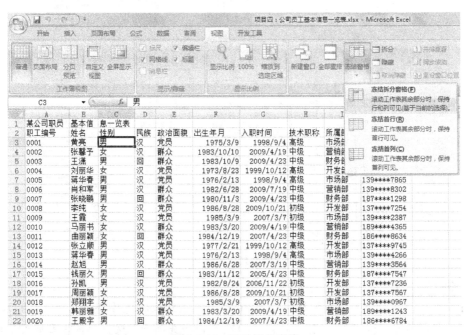

图 3-9.15　冻结拆分窗格

Step 4 取消冻结窗格操作，如图 3-9.16 所示。

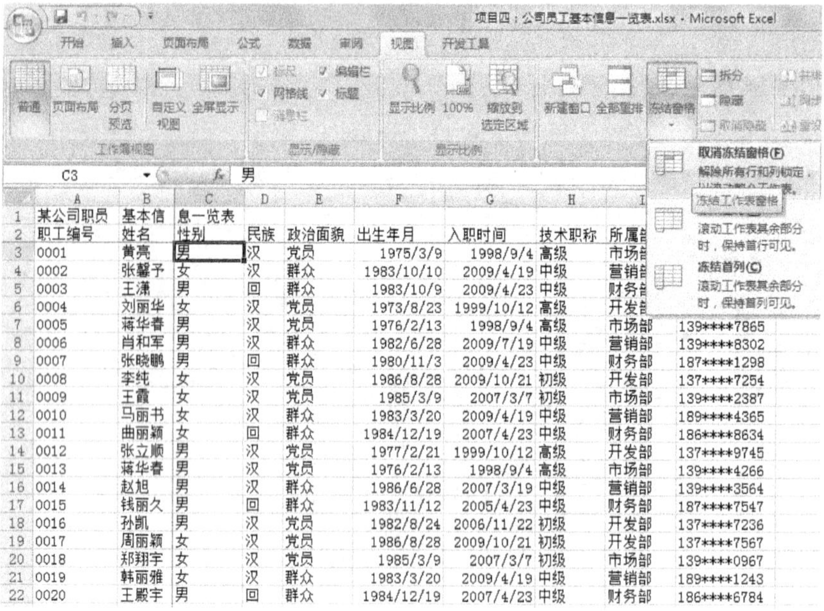

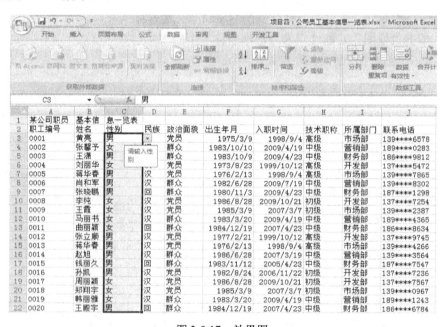

图 3-9.16　取消冻结窗格

任务 3.9.3　设置数据有效性

【效果展示】

效果如图 3-9.17 所示。

图 3-9.17　效果图

【图示步骤】

Step 1　打开"公司员工基本信息一览表.xlsx"，选择 Sheet1 工作表。

Step 2　选择单元格区域 C3:C22，单击"数据"功能选项卡，选择"数据有效性"中的"数据有效性"选项，如图 3-9.18 所示。

图 3-9.18　选择数据有效性

Step 3　在"数据有效性"对话框"设置"选项卡中将"允许"选择为"序列"，"来源"输入"男,女"，注意此处逗号为英文输入状态的逗号，如图 3-9.19 所示。

Step 4　在"输入信息"选项卡中将标题设置为空，"输入信息"设置为"请输入性别"，如图 3-9.20 所示。

Step 5　单击"确定"按钮，完成数据有效性的设置，结果参照效果图。

图 3-9.19　设置数据有效性

图 3-9.20　输入信息

项目小结

通过本项目的学习，我们学会了外部数据的导入，冻结窗格和数据有效性。

项目实训

打开"项目 3.9 练习.xlsx"工作簿，完成下列操作。

（1）导入文本文件：如图 3-9.21 所示样图 1，在 Sheet1 中导入文本文件"项目四练习素材 1.txt"。

（2）数据有效性：如图 3-9.22 所示样图 2，设置 Sheet1 工作表单元格区域 C3:C14 单元格有效输入值为大于 1000 且小于 3000 的整数，输入提示信息为"请输入大于 1000 小于 3000 的整数"。

图 3-9.21　样图 1

图 3-9.22　样图 2

（3）冻结窗格：如图 3-9.23 所示样图 3，在 Sheet1 工作表中设置前两行和最左列窗格冻结。

（4）导入电子表格文件：按照如图 3-9.24 所示样图 4，在 Sheet2 中导入电子表格文件"项目 3.9 练习素材 2.xlsx"中的 Sheet1 工作表。

图 3-9.23　样图 3

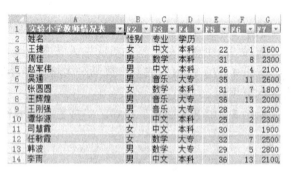

图 3-9.24　样图 4

项目 3.10　某数码店 2013 年部分商品销售统计表

【技能目标】

通过本项目的学习，学生应熟练掌握图表的创建、图表格式的修订、修改图表中的数据、为图表添加外部数据、添加误差线和趋势线。

任务 3.10.1　创建图表

活动 1　创建三维簇状图表

【效果展示】

效果如图 3-10.1 所示。

【图示步骤】

Step 1　打开"某数码店 2013 年部分商品销售统计表.xlsx"工作簿，选择 Sheet1 工作表。

Step 2　按照效果图，选取数据区域 B3:B10 和 D3:G10 五列数据，如图 3-10.2 所示。

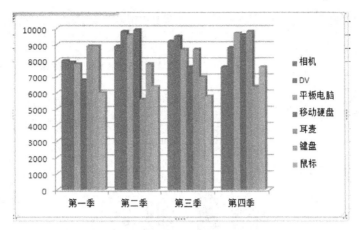

图 3-10.1　效果图

某数码店2013年部分商品销售统计表

商品名称	商品编号	第一季	第二季	第三季	第四季
相机	xj001	8000	8900	9200	7600
DV	dv002	7900	9800	9500	8800
平板电脑	pb003	7800	9600	8700	9700
移动硬盘	yp004	6800	9900	7600	9600
耳麦	em005	8900	5600	8700	9800
键盘	jp006	8900	7800	7000	6400
鼠标	sb007	6000	6400	5800	7600

图 3-10.2　选取数据

Step 3　选择"插入"功能选项卡，单击"柱形图"中的"三维簇状柱形图"选项，如图 3-10.3 所示。

Step 4　将插入的图表的行列转换，结果如图 3-10.4 所示。

图 3-10.3　插入柱形图

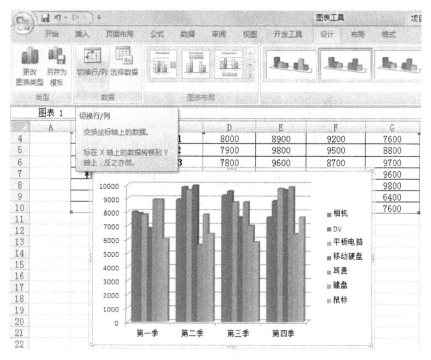

图 3-10.4　转换行列

活动 2　创建二维簇状条形图

【效果展示】

效果如图 3-10.5 所示。

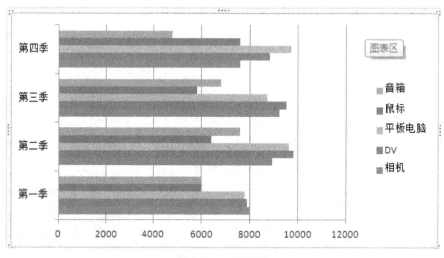

图 3-10.5　效果图

【图示步骤】

Step 1　打开"某数码店 2013 年部分商品销售统计表.xlsx"工作簿，选择 Sheet2 工作表。

Step 2　选择"插入"功能选项卡，单击"条形图"中的"二维簇状条形图"选项，如图 3-10.6 所示。

Step 3　在图表区右击，在弹出的快捷菜单中选择"选择数据"选项，在弹出的"选择数据源"对话框中按照效果图选择适当数据，如图 3-10.7 所示。

Step 4　单击"确定"按钮，完成图表的创建。

图 3-10.6　选择条形图

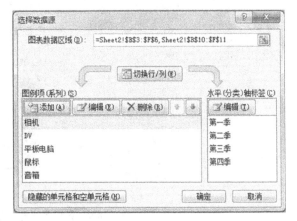

图 3-10.7　"选择数据源"对话框

任务 3.10.2　图表格式的修订

活动 1　图表中文字的格式修订

【效果展示】

效果如图 3-10.8 所示。

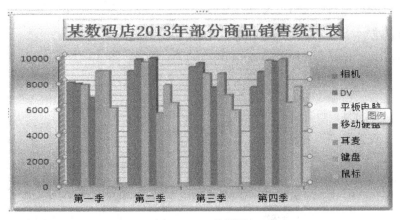

图 3-10.8　效果图

【图示步骤】

Step 1　打开"某数码店 2013 年部分商品销售统计表.xlsx"工作簿,选择 Sheet1 工作表中的图表标题。

Step 2　选择"开始"功能选项卡,字体设置为"宋体",字号设置为"16 磅",颜色设置为"深蓝、文字 2、深色 25%",如图 3-10.9 所示。

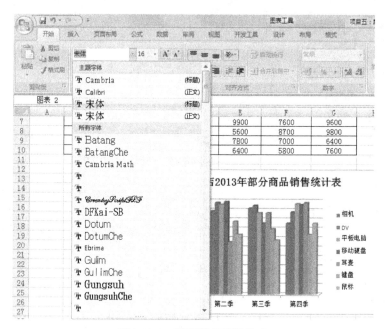

图 3-10.9　设置图表标题格式

Step 3　选中图表标题，选择"图表工具"→"格式"→"形状填充"→"纹理"→"花束"选项，设置标题背景，如图 3-10.10 所示。选择"图表工具"→"格式"→"形状效果"→"棱台"→"圆"选项，设置标题棱台效果，如图3-10.11 所示。

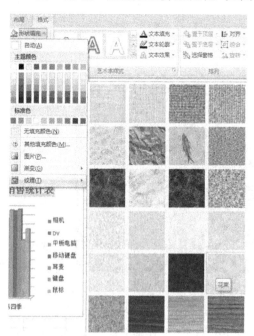

图 3-10.10　设置图表标题背景

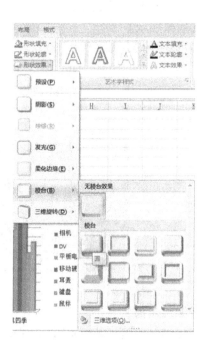

图 3-10.11　设置图表标题棱台效果

活动2　图表其他部分的格式修订

【图示步骤】

Step 1　打开"某数码店 2013 年部分商品销售统计表.xlsx"工作簿，选择 Sheet1 工作表中图表的背景墙，选择"图表工具"→"格式"→"形状填充"→"渐变"→"浅色变体"→"线性向左"选项设置图表背景墙格式，如图 3-10.12 所示。

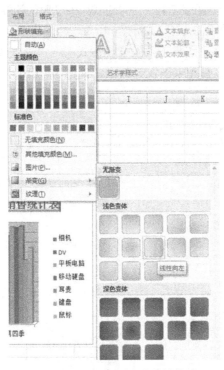

图 3-10.12　设置图表背景墙格式

Step 2　选择图表区，选择"图表工具"→"格式"→"形状填充"→"其他渐变"选项，如图 3-10.13 所示，在弹出的"设置图表区格式"对话框中，选择"填充"→"渐变填充"→"预设颜色"→"银波荡漾"选项，设置图表区预设渐变，如图 3-10.14 所示。

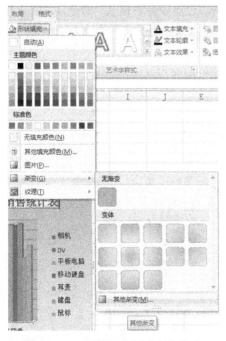

图 3-10.13　设置图表区为渐变格式

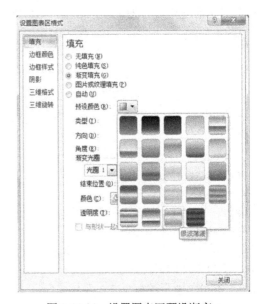

图 3-10.14　设置图表区预设渐变

Step 3 单击"关闭"按钮,完成填充设置。

Step 4 选择图表区,选择"图表工具"→"格式"→"形状效果"→"棱台"→"冷色斜面"选项,设置图表区棱台效果,如图 3-10.15 所示。

Step 5 选择图表区,选择"图表工具"→"格式"→"形状效果"→"发光"→"强调文字颜色 1,18pt 发光"选项,设置图表区发光效果,如图 3-10.16 所示。

图 3-10.15　设置图表区棱台效果

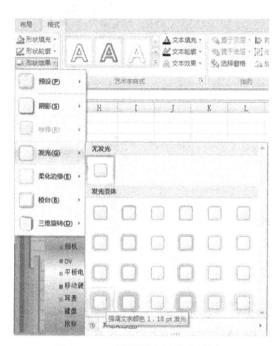

图 3-10.16　设置图表区发光效果

Step 6 选择坐标轴,右击,在弹出的快捷菜单中选择"设置坐标轴格式"命令,如图 3-10.17 所示。在"设置坐标轴格式"对话框中选择"坐标轴选项",设置"最大值"为 10000,"最小值"为 0,"主要刻度单位"为 2000,如图 3-10.18 所示。

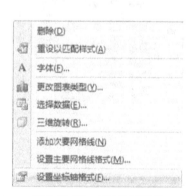

图 3-10.17　右键快捷菜单

图 3-10.18　"坐标轴选项"设置

Step 7　在"设置坐标轴格式"对话框中选择"线条颜色"选项卡中的"实线"单选项，在"颜色"下拉按钮中选择"深蓝，文字 2，深色 25%"选项，如图 3-10.19 所示，横坐标轴颜色设置操作同上。

Step 8　选择"图表工具"→"布局"→"网格线"→"主要横网格线"→"主要网格线和次要网格线"选项，设置网格线，如图 3-10.20 所示。

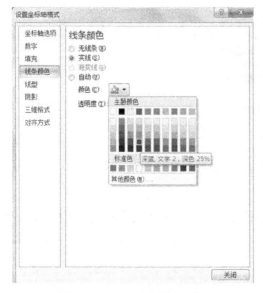

图 3-10.19　"线条颜色"设置

图 3-10.20　设置网格线

Step 9　选择"图表工具"→"布局"→"网格线"→"主要横网格线"→"其他主要横网格线选项"，在"设置主要网格线格式"对话框"线条颜色"选项卡中选择"实线"单选项，在颜色下拉按钮中选择"红色"设置网格线格式，如图 3-10.21 所示。

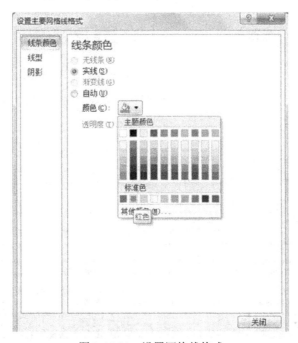

图 3-10.21　设置网格线格式

活动 3　图表样式、外观等的修订

【效果展示】

效果如图 3-10.22 所示。

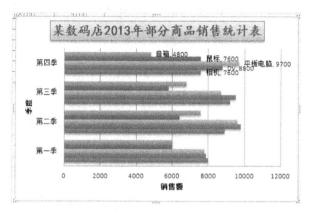

图 3-10.22　效果图

【图示步骤】

Step 1　打开"某数码店 2013 年部分商品销售统计表.xlsx"工作簿，选择 Sheet2 工作表中的图表，选择"图表工具"→"设计"→"图表布局"→"布局 6"选项，如图 3-10.23 所示，插入柱形图。

图 3-10.23　插入柱形图

Step 2　选择"图表工具"→"设计"→"图表样式"→"样式 18"，设置图表样式，如图 3-10.24 所示。

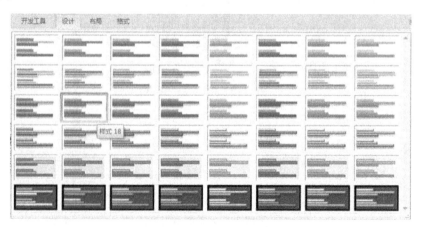

图 3-10.24　设置图表样式

Step 3 选择"图表标题"→"图表工具"→"格式"→"形状样式"→"细微效果-强调颜色 4",设置图表标题的形状样式,如图 3-10.25 所示。

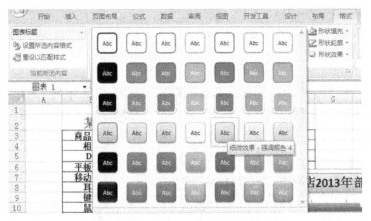

图 3-10.25 设置图表标题的形状样式

Step 4 选择"开始"功能选项卡,选择"楷体""加粗""18 磅",字体颜色选择"其他颜色",在弹出的"颜色"对话框中选择"自定义"选项卡,设置其 RGB 值为 102,0,102,如图 3-10.26 所示。

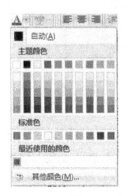
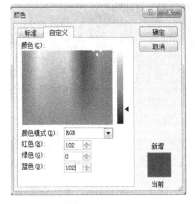

图 3-10.26 设置字体颜色的 RGB 值

Step 5 选择"图表工具"→"布局"→"坐标轴标题"→"主要纵坐标轴标题"→"旋转过的标题"选项,如图 3-10.27 所示,主要横坐标轴标题的设置操作方法同上。

图 3-10.27 设置坐标轴标题

任务 3.10.3　修改图表中的数据、添加外部数据

活动 1　修改图表中的数据

【效果展示】

效果如图 3-10.28 所示。

【图示步骤】

Step 1　打开"某数码店 2013 年部分商品销售统计表.xlsx"工作簿，选择 Sheet1 工作表图表中第一季度"平板电脑"系列，选择"图表工具"→"布局"→"数据标签"→"显示"选项，如图 3-10.29 所示。

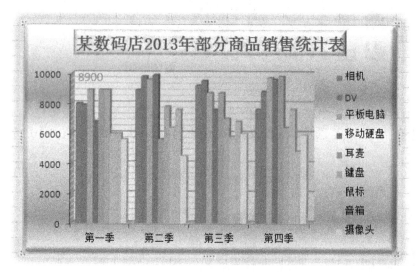

图 3-10.28　效果图

图 3-10.29　设置图表的数据标签

Step 2　选择第一季度"平板电脑"系列的数据标签，右击，在弹出的快捷菜单中选择"字体"选项，在"字体"对话框"字体"选项卡中设置字体为红色、12 磅、常规，如图 3-10.30 所示。

图 3-10.30　设置数据标签格式

Step 3　更改工作表第一季度中的"平板电脑"销售量为"8900"，按【Enter】键，图表中的数据相应发生改变。

活动 2　为图表添加外部数据

【图示步骤】

Step 1　打开"某数码店 2013 年部分商品销售统计表.xlsx"工作簿，选择 Sheet1 工作表，工

作表 Sheet1 的内容，如图 3-10.31 所示。

某数码店2013年部分商品销售统计表					
商品名称	商品编号	第一季	第二季	第三季	第四季
相机	xj001	8000	8900	9200	7600
DV	dv002	7900	9800	9500	8800
平板电脑	pb003	8900	9600	8700	9700
移动硬盘	yp004	6800	9900	7600	9600
耳麦	em005	8900	5600	8700	9800
键盘	jp006	8900	7800	7000	6400

图 3-10.31　Sheet1 的内容

Step 2　选中 Sheet1 中的图表，选择"图表工具"→"设计"→"选择数据"选项，在"选择数据源"对话框中单击"图例项（系列）"面板中的"添加"按钮，如图 3-10.32 所示，打开"编辑数据系列"对话框，选择"系列名称"为 Sheet1 工作表中 B11 单元格的"音箱"，选择"系列值"为 Sheet2 工作表中 D11:F11 单元格区域的数值，如图 3-10.33 所示，单击"确定"按钮完成新系列的添加，同理添加"摄像头"系列。

图 3-10.32　选择添加数据按钮

图 3-10.33　编辑添加的数据系列

任务 3.10.4　添加趋势线和误差线

活动 1　添加趋势线

【效果展示】

效果（黑色线条）如图 3-10.34 所示。

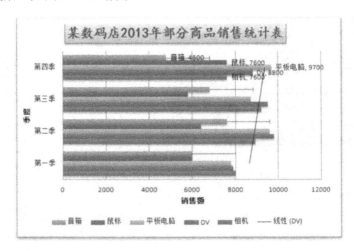

图 3-10.34　效果图

【图示步骤】

Step 1 打开"某数码店 2013 年部分商品销售统计表.xlsx"工作簿,选择 Sheet2 工作表图表,选择"图表工具"→"布局"→"趋势线"→"线性趋势线"选项,如图 3-10.35 所示。

Step 2 在"添加趋势线"对话框中选择"DV",单击"确定"按钮,结果如图 3-10.36 所示。

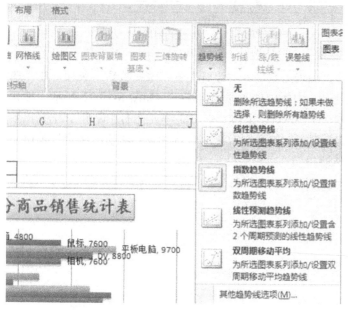

图 3-10.35 添加趋势线

图 3-10.36 选择添加趋势线的系列

活动 2 添加误差线

【效果展示】

效果(红色线条)如图 3-10.37 所示。

【图示步骤】

Step 1 打开"某数码店 2013 年部分商品销售统计表.xlsx"工作簿,选择 Sheet2 工作表图表,选择"图表工具"→"布局"→"误差线"→"其他误差线选项"选项,如图 3-10.38 所示。

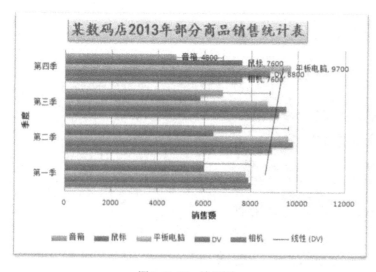

图 3-10.37 效果图

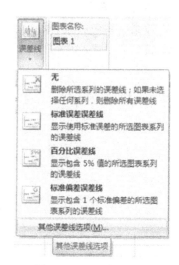

图 3-10.38 添加误差线

Step 2 在"添加误差线"对话框中选择"音箱",单击"确定"按钮,如图 3-10.39 所示。

Step 3 在"设置误差线格式"对话框"水平误差线"选项卡中设置误差线的显示方向为"正偏差",误差量为"固定值 2000",线条颜色选择"实线红色",如图 3-10.40 所示,单击"关闭"按钮,结果参照效果图所示。

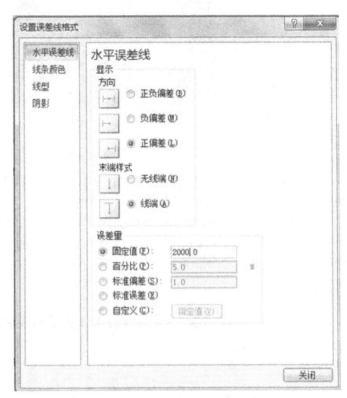

图 3-10.39　选择添加误差线的系列　　　　图 3-10.40　设置误差线参数

项目小结

通过本项目的学习,我们学会了选取适当数据创建图表,对图表进行美化与修定、修改、添加外部数据,为图表添加趋势线和误差线。

项目实训

打开"项目 3.10 练习.xlsx"工作簿,完成下列操作。

(1)创建图表:按照如图 3-10-41 所示样图 1,选取 Sheet1 中的适当数据,在 Sheet1 中创建一个"堆积柱形图"图表。

(2)设置图表的格式:按照如图 3-10.41 所示样图 1,将图表标题的字体设置为华文行楷,字号为 12 号,颜色为紫色(RGB:150,0,105),将图例中的字号设置为 9 号,将分类轴和数值轴的文字颜色设置为红色,字号为 9 号,将图表区格式设置为预设颜色"金色年华"的渐变填充效果,将绘图区格式设置为"水滴"纹理的填充效果,横坐标轴标题设置为红色字体。

(3)修改图表中的数据:按照如图 3-10.41 所示样图 1,将第一季度的"别克"销售量的数据标签改为 2800,并以常规、黄色、12 号字体在图中相应位置显示出来,从而改变工作表中的数据。

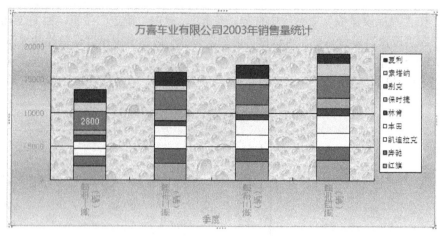

图 3-10.41　样图 1

（4）为图表添加外部数据：按照如图 3-10.41 所示样图 1，将 Sheet2 中的"索塔纳"和"夏利" 2003 年的销售量数据添加到 Sheet1 中的相应位置，并调整图表源数据。

（5）添加误差线和趋势线：按照如图 3-10.42 所示样图 2，选定 Sheet2 图表中的"本田"系列，为图表添加一条误差线，误差线以"正偏差"的方式显示，"末端样式"为线端，"误差量"为固定值 500；在 Sheet2 "万喜车业有限公司 2003 年销售量统计"图表中添加相应的对数趋势线。

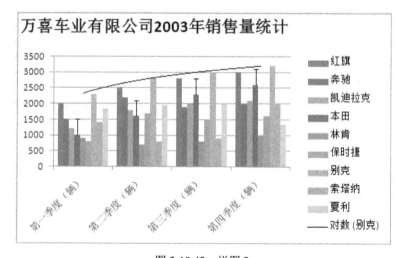

图 3-10.42　样图 2

模块四　PowerPoint 2007 应用篇

【工作情境】

在信息社会里，制作出集文字、图片、声音、视频、动画于一体的演示文稿，在宣传企业形象、展示企业风采、介绍新产品等方面是一项极具价值的工作。王红作为企业一名文员，在工作中经常制作广告宣传、数据分析、产品演示等，需要熟练应用 PowerPoint 软件，具备演示报告的制作与展示能力，去完成各种工作任务。

项目 4.1　制作知识测验节目演示文稿

【技能目标】

通过本项目的学习，学生应熟练掌握 PowerPoint 2007 的启动与退出的方法，熟悉 PowerPoint 2007 各部分的名称，掌握其界面特征；学会使用不同的方法新建空白文档；学会制作电子相册；掌握各种打开文档的方法；掌握各种保存文档的方法与技巧；了解文档格式的知识；掌握关闭文档的方法。

任务 4.1.1　启动 PowerPoint 2007

方法一：从"开始"菜单启动（如图 4-1.1 所示）。单击桌面左下角的"开始"→"程序"→"Microsoft Office"→"Microsoft Office PowerPoint 2007"命令，启动 PowerPoint 2007。

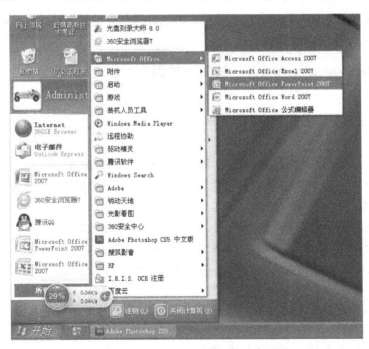

图 4-1.1　从"开始"菜单启动 PowerPoint 2007

方法二：通过双击桌面的 PowerPoint 2007 快捷图标启动。

【应用扩展】

系统默认的桌面上并不存在 PowerPoint 2007 的快捷图标，需要用户自己动手建立，如图 4-1.2 所示。

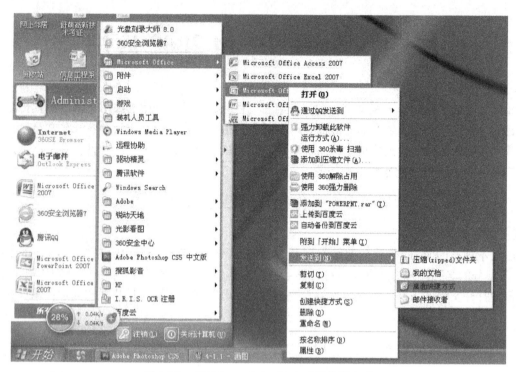

图 4-1.2　创建 PowerPoint 2007 桌面快捷方式

【相关知识】

除上述两种启动方法之外，还有两种常用的方法，即从"运行"对话框启动和双击一个已经存在的 PowerPoint 2007 文档启动。

任务 4.1.2　认识 PowerPoint 2007 的工作界面

【功能展示】

PowerPoint 2007 的工作界面如图 4-1.3 所示。

【相关知识】

● **Office 按钮**：主要以打开的文件为操作对象，对文件进行新建、打开、保存等操作。

● **快速访问工具栏**：其中包含了多个常用的按钮，如保存、撤销、重复键入等。

● **标签**：集成了幻灯片的功能区。

● **功能区**：包括很多组，每一组中包含了很多功能按钮。

● **大纲/幻灯片浏览窗格**：显示幻灯片文本的大纲或幻灯片缩略图。

● **幻灯片窗格**：用于查看每张幻灯片的整体效果，也可以进行文本、图片、表格、图表等的编辑。

● **状态栏**：位于窗口的底部，左侧显示当前文档的页数/总页数、输入语言以及输入状态等信息。

● **视图切换区**：用来切换文档的视图模式。

● **显示比例区**：向左拖动滑块缩小文档的显示比例，向右拖动滑块则增大文档的显示比例。

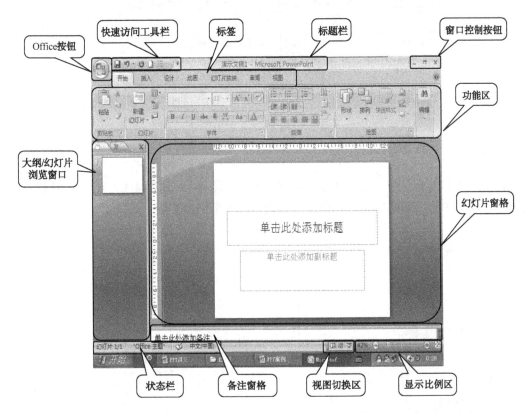

图 4-1.3　PowerPoint 2007 的工作界面

任务 4.1.3　建立空白文档

【图示步骤】

方法一：利用 Office 按钮建立空白文档。

Step 1　单击 Office 按钮→"新建"命令（如图 4-1.4 所示）。

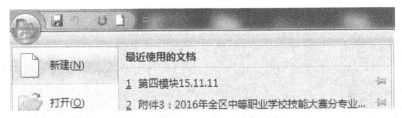

图 4-1.4　Office 菜单

Step 2　在对话框上端的"空白文档和最近使用的文档"面板中，单击"空白演示文稿"按钮（如图 4-1.5 所示）。

Step 3　在"新建演示文稿"对话框的右下角，单击"创建"按钮新建文档（如图 4-1.5 所示）。

方法二：键盘操作法【Ctrl+N】。

图 4-1.5 "新建演示文稿"对话框

【应用扩展】

可以在快速访问工具栏中添加"新建"按钮（方法如图 4-1.6 和图 4-1.7 所示），这样只要单击快速访问工具栏中的"新建"按钮，就可以直接建立一个空白文档了。

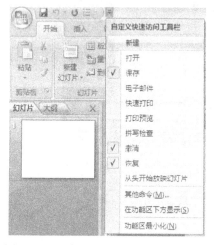

图 4-1.6 在快速访问区添加"新建"按钮　　图 4-1.7 快速访问区"新建"按钮

任务 4.1.4 制作知识测验节目演示文稿

【效果展示】

"知识测验节目"演示文稿完成效果如图 4-1.8 所示。

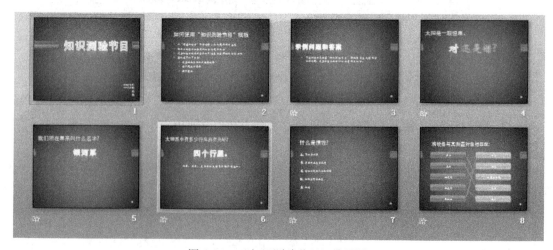

图 4-1.8 "知识测验节目"效果图

Step 1 单击 Office 按钮→"新建"命令（如图 4-1.9 所示）。

图 4-1.9　Office 菜单

Step 2 在对话框上端左侧模板中选择"已安装模板"选项，单击对话框中部的"小测验短片"。在"新建演示文稿"对话框的右下角，单击"创建"按钮创建文档（如图 4-1.10 所示），单击幻灯片浏览演示文稿（如图 4-1.11 所示）。

图 4-1.10　"新建演示文稿"对话框

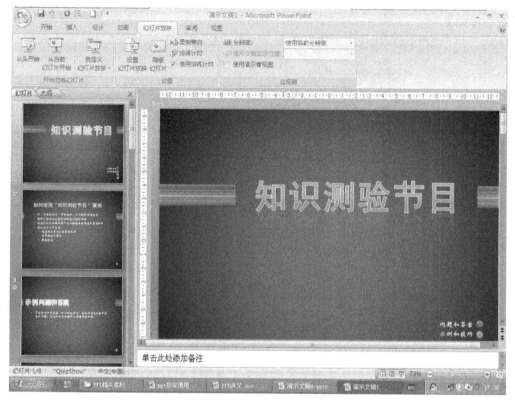

图 4-1.11　知识测验演示文稿

任务 4.1.5　保存演示文稿

将文档保存为 PowerPoint 2007 以前的版本也能编辑的文档。

【图示步骤】

Step 1　单击 Office 按钮，选择"保存"或"另存为"命令，如图 4-1.12 所示，打开"另存为"对话框。

图 4-1.12　"另存为"命令

Step 2　在"另存为"对话框中选择"保存位置"，在"文件名"文本框中输入文件名，如"知识测验节目"，在"保存类型"下拉列表中选择保存类型，如"PowerPoint 97-2003 演示文稿(*.ppt)"，
单击"保存"按钮，如图 4-1.13 所示，保存设置。

图 4-1.13　"另存为"对话框

【相关知识】

文档类型

- .pptx：PowerPoint 2007 的专用文档类型，以前版本的 PowerPoint 程序通常无法打开这种文档。
- .ppt：PowerPoint 2007 以前版本的 PowerPoint 文档格式。
- .htm，.html：网页格式。
- .potx：模板格式。
- .ppsx：放映格式。

【应用扩展】

通常保存文档的方式为：在如图 4-1.12 所示的主菜单中单击"保存"命令或单击快捷访问工具栏中的"保存"按钮。此命令在对文档进行第一次保存时会弹出"另存为"对话框，在以后的保存操作中便不会打开"另存为"对话框，而是直接覆盖原有文件。

任务 4.1.6　关闭文档

【图示步骤】

方法一：单击 PowerPoint 2007 工作界面右上角的"关闭"按钮，如图 4-1.14 所示，关闭文档。

方法二：单击 Office 按钮，选择"关闭"命令，如图 4-1.15 所示，关闭文档。

【应用扩展】

除上述两种方法外，还有一种键盘操作法，即按【Alt+F4】组合键。

图 4-1.14 标题栏上的"关闭"按钮   图 4-1.15 "关闭"命令

任务 4.1.7 打开文档

打开"知识测验节目"文档。

【图示步骤】

Step 1 单击 Office 按钮,选择"打开"命令,如图 4-1.16 所示。

图 4-1.16 Office 主菜单

Step 2 在弹出的"打开"对话框中确定"查找范围""文件名"及"文件类型",找到要打开的文档,如图 4-1.17 所示。

Step 3 单击"打开"对话框中的"打开"按钮打开文件。

图 4-1.17 "打开"对话框

若你的文档昨天或近期修改过，则可在 Office 按钮中的"最近使用的文档"面板中，单击所需打开的文档，如图 4-1.18 所示。

【应用扩展】

若打开的文档被修改，应及时进行保存。

任务 4.1.8 退出 PowerPoint 2007

【图示步骤】

方法一：单击 Office 按钮，在下拉列表中单击"退出 PowerPoint"命令，如图 4-1.19 所示。

图 4-1.18　Office 主菜单　　　　　　　　　　图 4-1.19　退出 PowerPoint 2007

【相关知识】

退出 PowerPoint 2007 的其他方法。

方法二：单击 PowerPoint 2007 应用程序窗口右上角的"关闭"按钮，退出 PowerPoint 2007。

方法三：若 PowerPoint 2007 应用程序处于激活状态，可按【Alt+F4】组合键，退出 PowerPoint 2007。

方法四：右击 Windows 任务栏中的"PowerPoint 任务"，在弹出的快捷菜单中选择"关闭"命令，退出 PowerPoint 2007。

项目小结

本项目不仅介绍了 PowerPoint 2007 的启动方法、退出方法及工作界面，而且介绍了 PowerPoint 2007 的文档操作。PowerPoint 2007 的工作界面将所有功能都集中至"功能区"中。功能区包括：选项卡、组和命令按钮三部分，每个选项卡中都包含几个组，对命令按钮比较多的组，又在该组的右下角设置了"对话框启动器"按钮，用以启用该组中更多的设置命令。使用频率高的"撤销""恢复"及"保存"等命令则被放在"快速访问工具栏"中，使用者用起来非常方便。文档操作是使用 PowerPoint 2007 的基础操作，这些操作有助于管理文档，在需要时随时打开所需文档，并进行编辑。

项目实训

练习通过桌面的 PowerPoint 快捷图标启动 PowerPoint 2007（若桌面上没有其快捷方式，要求自己先创建 PowerPoint 快捷图标），并利用现代型相册模板制作一份个人相册，并将其保存在自己名字命名的文件夹中，其扩展名为.ppt，并利用 Office 按钮退出 PowerPoint 2007。

项目 4.2 呼伦贝尔旅游景点介绍

【技能目标】

通过本项目的学习，学生应熟练掌握 PowerPoint 2007 演示文稿中幻灯片的插入、删除、移动、复制、隐藏等基本操作；熟悉幻灯片中文本的输入、编辑及文本格式、段落的设置；掌握幻灯片中图片的插入、编辑；学会在幻灯片中插入艺术字、绘制图形、插入 SmartArt 图形和插入剪贴画。

【效果展示】

呼伦贝尔旅游景点介绍效果如图 4-2.1 所示。

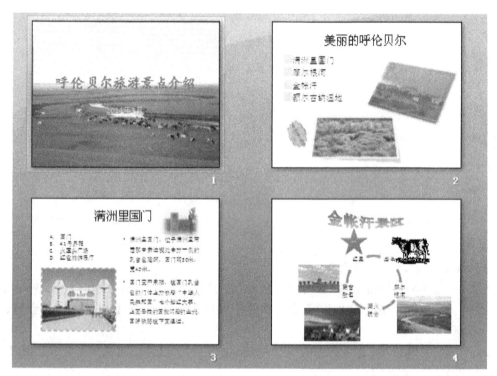

图 4-2.1 呼伦贝尔旅游景点介绍效果

任务 4.2.1 制作文本幻灯片

活动 1 制作呼伦贝尔旅游景点介绍首张幻灯片

【效果展示】

景点首页效果如图 4-2.2 所示。

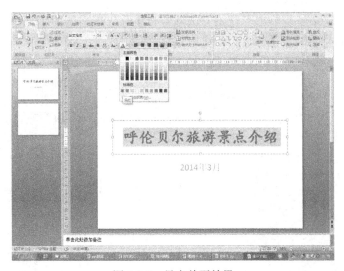

图 4-2.2　景点首页效果

【图示步骤】

Step 1　录入标题：启动 PowerPoint 2007，创建一篇空白文档，如图 4-2.3 所示，单击标题占位符输入"呼伦贝尔旅游景点介绍"，单击副标题占位符输入"年月"。

图 4-2.3　创建空白文档

Step 2　设置标题字体：选中标题文本，单击"开始"选项卡"字体"组右侧的下三角按钮，在打开的下拉列表中选择"华文楷体"选项，如图 4-2.4 所示。

图 4-2.4　设置标题字体

Step 3 设置标题字号：单击"开始"选项卡"字号"组右侧的下三角按钮，在打开的下拉列表中选择"54"磅字体，如图 4-2.5 所示。

图 4-2.5　设置标题字号

Step 4 设置标题颜色：单击"开始"选项卡"字体"组中的"加粗"按钮；单击"开始"选项卡"字体"组中"字体颜色"按钮右侧的下三角按钮，在打开的"颜色"面板中选择"深红色"，如图 4-2.2 所示。

【相关知识】

除上述设置文本的方法之外，还有其他两种方法。

方法二：在"开始"选项卡的"字体"组中单击"对话框启动器"按钮，如图 4-2.6 所示，弹出"字体"对话框，切换到"字体"选项卡，如图 4-2.7 所示，可进行相应设置。

方法三：选中标题文本，会出现半透明的浮动工具栏，如图 4-2.8 所示，可进行相应设置。

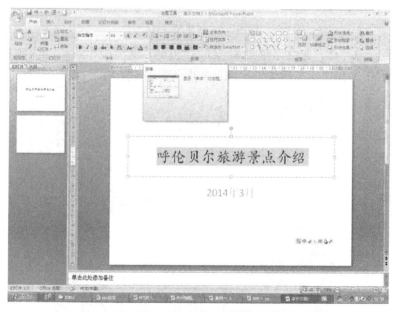

图 4-2.6　"字体"对话框启动器

图 4-2.7　"字体"对话框

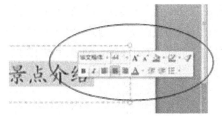

图 4-2.8　浮动工具栏

活动 2　制作呼伦贝尔旅游景点介绍第二张文本幻灯片

【效果展示】

第二张文本幻灯片效果如图 4-2.9 所示。

【图示步骤】

Step 1　插入新的幻灯片：选中要在其后面进行添加的幻灯片，切换到"开始"选项卡，然后在幻灯片组中单击"新建幻灯片"按钮，即可插入一张新幻灯片，如图 4-2.10 所示。

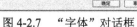

美丽的呼伦贝尔

　回满洲里国门
　回摩尔根河
　回金帐汗
　回额尔古纳湿地

图 4-2.9　第二张文本幻灯片效果

图 4-2.10　插入新的幻灯片

如果单击"新建幻灯片"按钮中的倒三角按钮，然后在下拉列表中选择一种版式添加到幻灯片中，如图 4-2.11 所示，即可插入带版式的幻灯片。

图 4-2.11　插入带版式的新的幻灯片

【相关知识】

除上述方法之外，还有其他两种插入幻灯片的方法。

方法二：在"大纲/幻灯片浏览"窗格的空白处右击，在弹出的快捷菜单中选择"新建幻灯片"命令，即可添加一张新的幻灯片，如图4-2.12所示。

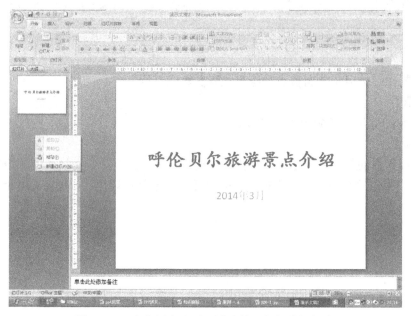

图4-2.12　在大纲/幻灯片浏览窗格添加新的幻灯片

方法三：选中一张幻灯片，按下【Ctrl+M】或【Enter】键都可以在该幻灯片后面添加一张新的幻灯片。

Step 2　设置项目符号：录入标题及内容文本，选中内容文本，单击"开始"选项卡"段落"组中"项目符号"右侧的倒三角按钮，如图4-2.13所示，选择相应的项目符号。

Step 3　自定义项目符号：单击如图4-2.13所示项目符号和编号，弹出"项目符号和编号"对话框（如图4-2.14所示），在"项目符号和编号"对话框中单击"自定义"按钮，弹出"符号"对话框，如图4-2.15所示，选择字体为Wingdings 2和符号后确定，返回"项目符号和编号"对话框，如图4-2.16所示。

图4-2.13　选取项目符号

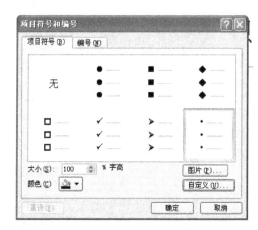

图4-2.14　"项目符号和编号"对话框

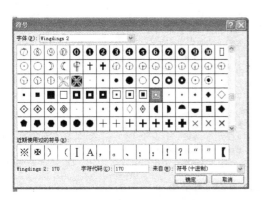

图 4-2.15 "符号"对话框

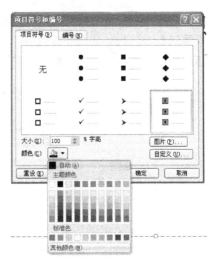

图 4-2.16 返回"项目符号和编号"对话框

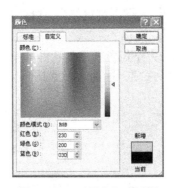

图 4-2.17 "颜色"对话框

Step 4 设置自定义符号的大小与颜色：将如图 4-2.16 所示对话框中的符号"大小"设置为 100%字高；单击颜色右侧的倒三角按钮，选择"其他颜色"选项，弹出"颜色"对话框，如图 4-2.17 所示，单击自定义选项卡，设置 R、G、B 分别为 230、200、30，单击"确定"按钮，如图 4-2.18 所示。效果图如图 4-2.19 所示。

图 4-2.18 设置大小、颜色后的"项目符号和编号"对话框

图 4-2.19 自定义的项目符号

【应用扩展】

用自定义图片做项目符号应该如何设置，可自主实践一下。

活动3 制作呼伦贝尔旅游景点介绍第三张文本幻灯片

【效果展示】

第三张文本幻灯片效果如图 4-2.20 所示。

满洲里国门

A. 国门
B. 41号界碑
C. 火车头广场
D. 红色旅游展厅

· 满洲里国门，位于满洲里市西部中俄边境处中方一侧的乳白色建筑，国门高30米，宽40米。

· 国门庄严肃穆，在国门乳白色的门体上方嵌着"中华人民共和国"七个鲜红大字，上面悬挂的国徽闪着的金光，国际铁路在下面通过。

图 4-2.20 第三张文本幻灯片效果

【图示步骤】

Step 1 插入幻灯片：在"幻灯片/大纲浏览窗格"空白处右击，在弹出的快捷菜单中选择"新建幻灯片"选项，效果如图 4-2.21 所示。

Step 2 改变版式：在"幻灯片/大纲浏览窗格"新建的第三张幻灯片上右击，在弹出的快捷菜单中选择"版式"→"两栏内容"选项，如图 4-2.22 所示。

图 4-2.21 文本幻灯片效果

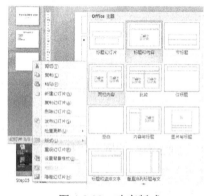

图 4-2.22 改变版式

Step 3 设置项目编号：录入标题文本和内容文本，如图 4-2.23 所示，选中内容文本后单击"开始"选项卡下"段落"组中编号右侧的倒三角按钮，选择相应编号，如图 4-2.24 所示。

图 4-2.23 录入文本内容

图 4-2.24 项目编号

Step 4 设置行距：选中内容文本后单击"开始"选项卡"段落"组中 "行距"右侧的下三角按钮，选行距"1.5"，如图 4-2.26 所示。

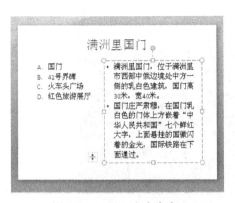

图 4-2.25　录入文本内容

图 4-2.26　设置行距

Step 5 设置段间距：选中内容文本后单击"开始"选项卡"段落"组中的"对话框启动器"按钮，在"段落"对话框"缩进和间距"选项卡中设置"段后"12 磅，如图 4-2.27 所示，单击"确定"按钮，如图 4-2.20 所示。

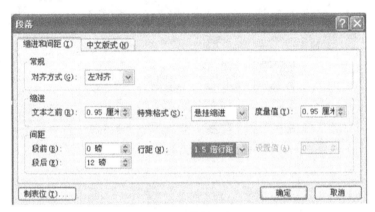

图 4-2.27　设置段间距

在"段落"对话框中，可以精确设置行、段缩进和间距等。

任务 4.2.2　制作图片幻灯片

活动 1　为呼伦贝尔旅游景点介绍第一张幻灯片配图
【效果展示】
景点首页效果如图 4-2.28 所示。
【图示步骤】
Step 1 第一张幻灯片插入图片：用光标选中第一张幻灯片，单击"插入"选项卡"插图"组中的"图片"按钮，弹出"插入图片"对话框，选择图片，如图 4-2.29 所示，单击"插入"按钮，效果如图 4-2.30 所示。

图 4-2.28　景点首页效果

图 4-2.29　"插入图片"对话框

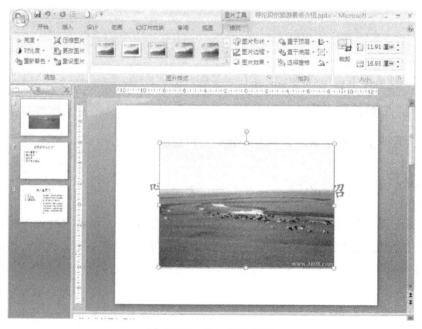

图 4-2.30　插入图片效果

【相关知识】

还可以通过"插入"选项卡"插图"组的"剪贴画"按钮插入剪贴画。

Step 2 裁剪图片大小：用光标选中图片，单击"格式"选项卡下"大小"组中的"裁剪"按钮，如图 4-2.31 所示，将光标放到图片下边中间的控制点处，当光标变成 T 型时，向上拖动鼠标，裁剪掉下半部分图片，如图 4-2.32 所示，在空白处单击确定裁剪。

图 4-2.31　裁剪命令

图 4-2.32　裁剪后的效果

【相关知识】

在图 4-2.31 中，将光标放在 4 个角控制点处，拖动鼠标可以同时裁剪两边。

Step 3 改变图片大小：光标选中图片，通过拖动 8 个控制点，将图片铺满幻灯片，如图 4-2.33 所示。

图 4-2.33　改变图片大小

Step 4 改变图片排列：选中图片，单击"格式"选项卡"排列"组中的"置于底层"选项。

活动2　为呼伦贝尔旅游景点介绍第二张幻灯片配图

【效果展示】

第二张图片幻灯片效果如图4-2.34所示。

图4-2.34　第二张图片幻灯片效果

【图示步骤】

Step 1　第二张幻灯片插入图片：光标选中第二张幻灯片，单击"插入"选项卡"插图"组中的"图片"按钮，弹出"插入图片"对话框，选择图片，单击"插入"按钮，插入三张图片，适当调整图片大小及位置，如图4-2.35所示。

图4-2.35　插入调整图片效果

Step 2　为图片设置形状。

方法一：选中亚洲第一湿地图片，单击"格式"选项卡"图片样式"组中"图片形状"右侧的倒三角按钮，选择"基本形状"中的"云型"，如图4-2.36所示，效果如图4-2.37所示。

方法二：选中湿地图片，单击"格式"选项卡"图片样式"组中的"其他"按钮，如图4-2.38所示，选择"松散透视白色"效果，如图4-2.39所示。

Step 3　为图片设置效果：选中蒙古包图片，单击"格式"选项卡"图片样式"组中"图片效果"右侧的倒三角按钮，选择"预设"中的"预设11"，如图4-2.40所示。效果如图4-2.34所示。

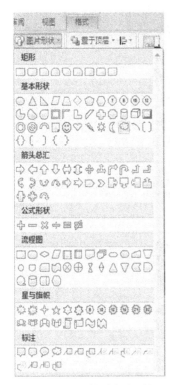

图4-2.36 设置图形形状

图4-2.37 图片云型形状效果

图4-2.38 设置图片样式

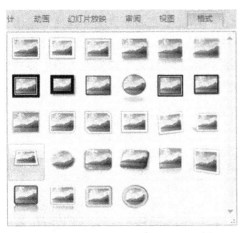

图4-2.39 设置图片"松散透视白色"样式

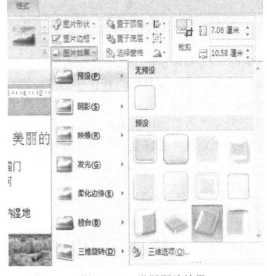

图4-2.40 设置图片效果

活动3 为呼伦贝尔旅游景点介绍第三张幻灯片配图

【效果展示】

第三张图片幻灯片效果如图 4-2.41 所示。

【图示步骤】

Step 1 第三张幻灯片插入图片：光标选中第三张幻灯片，单击"插入"选项卡"插图"组中的"图片"按钮，弹出"插入图片"对话框，选择图片，单击"插入"按钮，插入两张图片，适当调整图片大小及位置，如图 4-2.42 所示。

图 4-2.41　第三张图片幻灯片效果

图 4-2.42　插入图片

Step 2　为图片设置边框：光标选中国门图片，单击"格式"选项卡"图片样式"组中"图片边框"右侧的倒三角按钮，在弹出的下拉列表中选择图片边框线型、颜色，如图 4-2.43 所示。

Step 3　设置图片柔化边缘效果：光标选中界碑图片，单击"格式"选项卡"图片样式"组中"图片效果"右侧的倒三角按钮，在弹出的下拉列表中选择"柔化边缘"→"10 磅"选项，调整图片位置，如图 4-2.44 所示，效果如图 4-2.41 所示。

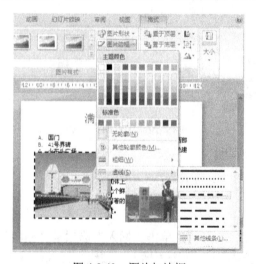

图 4-2.43　图片加边框

图 4-2.44　图片加柔边效果

任务 4.2.3 在幻灯片中绘图，插入艺术字、SmartArt 图和剪贴画

活动 设计呼伦贝尔旅游景点介绍第四张幻灯片
【效果展示】
第四张幻灯片效果如图 4-2.45 所示。

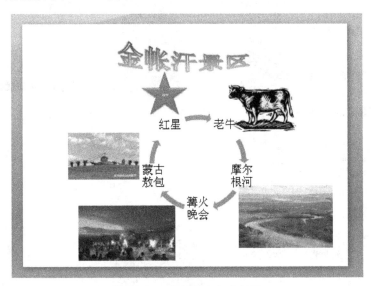

图 4-2.45 第四张幻灯片效果

【图示步骤】

Step 1 新建第四张空白幻灯片：选中第三张幻灯片后，单击"开始"选项卡"幻灯片"组"新建幻灯片"右侧的下三角按钮，选择"空白"版式，如图 4-2.46 所示。

Step 2 插入艺术字：选中第四张幻灯片，单击"插入"选项卡"文本"组中"艺术字"右侧的下三角按钮，在弹出的下拉列表中选择"白色，渐变轮廓-强调文字颜色 1"样式，如图 4-2.47 所示，在图 4-2.48"请在此输入您自己的内容"处输入文字"金帐汗景区"，调整位置如图 4-2.49 所示。

Step 3 设置艺术字：选中艺术字，单击"格式"选项卡下"艺术字样式"组中"文本效果"右侧的下三角按钮，在下拉列表中选择"转换"下的"右牛角"样式，如图 4-2.50 所示，效果如图 4-2.51 所示。

图 4-2.46 新建空白幻灯片

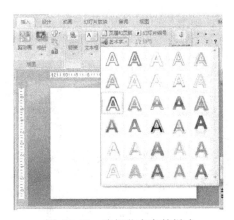

图 4-2.47 选择艺术字的样式

图 4-2.48　插入艺术字

图 4-2.49　输入汉字

图 4-2.50　设置艺术字效果

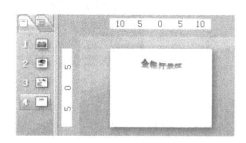

图 4-2.51　艺术字"右牛角"效果

　　Step 4　插入剪贴画：选中第四张幻灯片，单击"插入"选项卡"插图"组中的"剪贴画"选项，窗口右侧出现"剪贴画"任务窗格，在结果类型中选择"剪贴画"复选框，如图 4-2.52 所示，单击"搜索"按钮，结果如图 4-2.53 所示，单击图片"牛"即插入幻灯片，再插入三张风景图片后，调整大小位置，如图 4-2.54 所示。

图 4-2.52　插入剪切画

图 4-2.53　选择剪切画

Step 5 绘制图形五角星：单击"插入"选项卡"插图"组"形状"按钮右侧的下三角按钮，在下拉列表中选择"星与旗帜"中的"五角星"形状，如图 4-2.55 所示，到幻灯片窗格中单击并按住鼠标左键拖动绘制五角星，如图 4-2.56 所示。

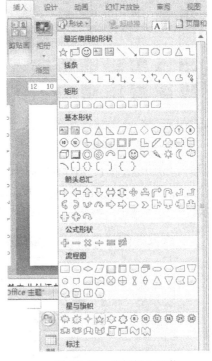

图 4-2.54 调整图片大小及位置　　　　图 4-2.55 选择插入形状

Step 6 设置五角星：选中五角星，单击"格式"选项卡"形状样式"组中的"其他"按钮，如图 4-2.57 和图 4-2.58 所示，选择"强烈效果-强调颜色 2"，如图 4-2.59 所示。

图 4-2.56 插入五角星　　　　图 4-2.57 设置五角星

图 4-2.58　选择效果

图 4-2.59　设置五角星效果

Step 7　插入 SmartArt 图：选中第四张幻灯片，单击"插入"选项卡"插图"组中的"SmartArt"选项，弹出"选择 SmartArt 图形"对话框，选择"循环"选项卡中的"文本循环"样式，如图 4-2.60 所示，单击"确定"按钮，调整形状大小位置，如图 4-2.61 所示。

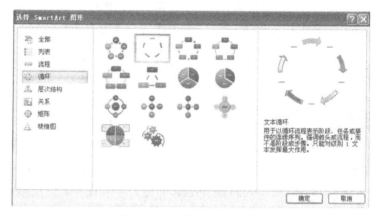

图 4-2.60　插入 SmartArt 图

Step 8　为 SmartArt 图添加文本：在"在此键入文字"文本框中输入文本，如图 4-2.62 所示，完成效果如图 4-2.45 所示。

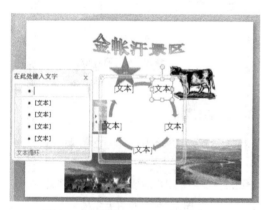

图 4-2.61　调整 SmartArt 图的大小

图 4-2.62　输入相应汉字

项目小结

本项目通过制作呼伦贝尔旅游景点介绍，详细介绍了艺术字、图片、SmartArt 图、形状的插入和设置方法。学习本项目之后，就可以编辑出更加丰富多彩的演示文稿。

项目实训

参考如图 4-2.63 所示样图，为自己制作一份求职简历。

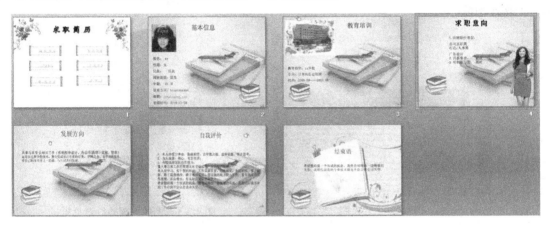

图 4-2.63 求职简历

项目 4.3 课件培训教程

【技能目标】

通过本项目的学习，学生应熟练掌握 PowerPoint 2007 演示文稿中幻灯片主题的使用；熟悉表格幻灯片的制作；掌握图表幻灯片的制作；掌握交互式演示文稿的制作。

【效果展示】

课件培训教程效果如图 4-3.1 所示。

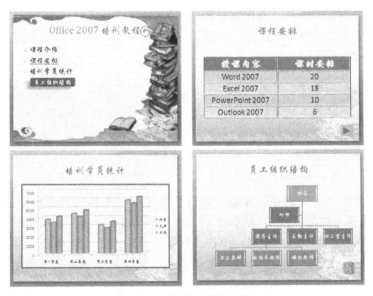

图 4-3.1 课件培训教程效果

任务 4.3.1　表格幻灯片的制作

【效果展示】

完成效果如图 4-3.2 所示。

【图示步骤】

Step 1　插入表格：打开培训教程演示文稿，选中第二张幻灯片，单击"插入"选项卡下"表格"中的"插入表格"选项，弹出"插入表格"对话框，输入 5 行 2 列，如图 4-3.3 所示，单击"确定"按钮创建表格。

图 4-3.2　效果图

图 4-3.3　"插入表格"对话框

【相关知识】

单击"表格占位符"，也能弹出"插入表格"对话框，如图 4-3.4 所示。

图 4-3.4　表格占位符

Step 2　输入文本：在表格的任意位置单击即可进入表格编辑状态，将光标定位于第一个单元格内，输入"授课内容"以及其他内容，如图 4-3.5 所示。

Step 3　设置文本：选中第一行文字，设置字号为 44 号、居中，选中其他文本设置字号为 36 磅、居中，如图 4-3.6 所示。

授课内容	课时安排
Word 2007	20
Excel 2007	18
PowerPoint 2007	10
Outlook 2007	6

图 4-3.5　输入文字

授课内容	课时安排
Word 2007	20
Excel 2007	18
PowerPoint 2007	10
Outlook 2007	6

图 4-3.6　设置文字

Step 4　应用样式：选中表格，单击"设计"选项卡"表格样式"组中的"其他"按钮，如图 4-3.7 所示，选择"中度样式 1-强调 4"样式，如图 4-3.8 所示，效果如图 4-3.9 所示。

Step 5　设置表格效果：选中表格，单击"设计"选项卡"表格样式"组"效果"右侧的下三角按钮，选择"单元格凹凸效果"下的"松散嵌入"效果，如图 4-3.10 所示。

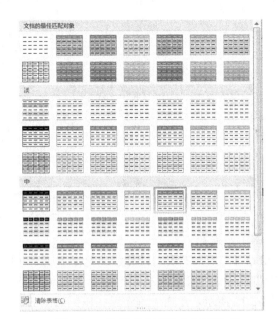

图 4-3.8 选择"中度样式 1-强调 4"

图 4-3.7 表格样式其他按钮

授课内容	课时安排
Word 2007	20
Excel 2007	18
PowerPoint 2007	10
Outlook 2007	6

图 4-3.9 应用样式后的效果

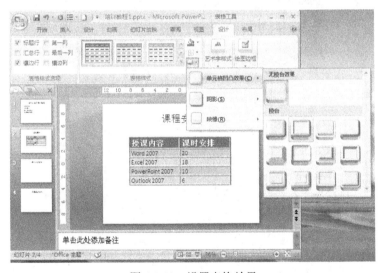

图 4-3.10 设置表格效果

任务 4.3.2 图表幻灯片的制作

【效果展示】

效果如图 4-3.11 所示。

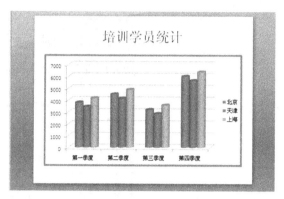

图 4-3.11　效果图

【图示步骤】

Step 1　插入图表：打开培训教程 1 演示文稿，选中第三张幻灯片，单击"插入"选项卡下"插图"组中的"图表"按钮，弹出"插入图表"对话框，选择"柱形图"中的"簇状圆柱体"，如图 4-3.12 所示，单击"确定"按钮，弹出 Excel 工作表，即数据表，如图 4-3.13 所示。

图 4-3.12　"插入图表"对话框

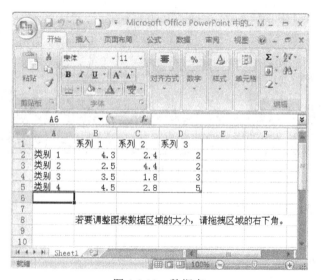

图 4-3.13　数据表

Step 2　在数据表中输入数据：在 Excel 工作表中直接输入相应数据，或将已有表格内容粘贴到表中，如图 4-3.14 所示，关闭 Excel 工作表，出现柱状图表，如图 4-3.15 所示。

图 4-3.14　编辑数据表

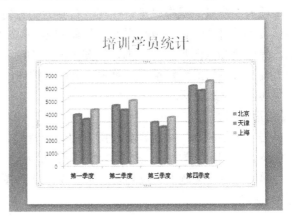

图 4-3.15　柱状图表

Step 3　设置图表形状样式：选中图表，单击"格式"选项卡"形状样式"组中"形状轮廓"右侧的倒三角按钮，在弹出的下拉列表中选择红色和"粗细"下拉列表中的"6 磅"，如图 4-3.16 所示，效果如图 4-3.11 所示。

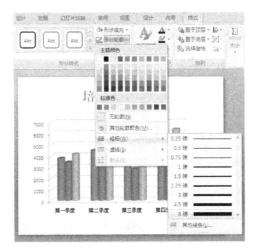

图 4-3.16　设置图表形状样式

任务 4.3.3　设计幻灯片

为幻灯片添加主题并设置背景。

【效果展示】

效果如图 4-3.17 所示。

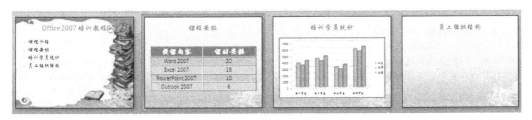

图 4-3.17　效果图

【图示步骤】

Step 1 设置图片为幻灯片背景：打开培训教程2演示文稿，选中第一张幻灯片，单击"设计"选项卡"背景"组中"背景样式"右侧的倒三角按钮，在弹出的"背景格式"对话框中选择"填充"选项卡中的"图片或纹理填充"单选项，单击"插入自："下的"文件…"按钮，如图4-3.18所示，弹出"插入图片"对话框，如图4-3.19所示，选择"书.jpg"文件后单击"插入"按钮，返回"设置背景格式"对话框，单击"关闭"按钮，第一页完成背景更换，如图4-3.20所示。整体效果如图4-3.21所示。

【应用扩展】

单击"全部应用"按钮则更换所有幻灯片背景。

Step 2 应用内置主题：选中任意一张幻灯片，单击"设计"选项卡"主题"组中的"其他"按钮，弹出"所有主题"下拉列表，如图4-3.22和图4-3.23所示，选择"龙腾四海"样式，效果如图4-3.24所示。

图4-3.18 设置幻灯片背景

图4-3.19 "插入图片"对话框

图 4-3.20　背景更换效果

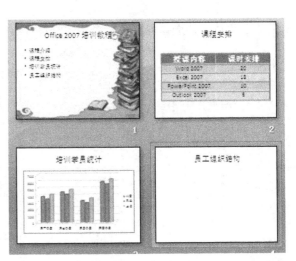

图 4-3.21　整体效果

图 4-3.22　遮罩内置主题

图 4-3.23 选择"龙腾四海"样式

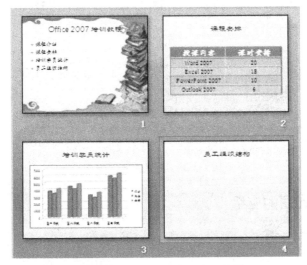

图 4-3.24　应用"龙腾四海"效果

Step 3　更换主题颜色：选中任意一张幻灯片，单击"设计"选项卡下"主题"组中"颜色"

右侧的下三角按钮，选择内置主题颜色"顶峰"，如图 4-3.25 所示，效果如图 4-3.26 所示。

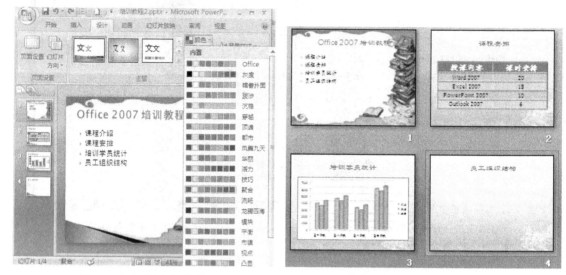

图 4-3.25　更换主题颜色　　　　　　　　图 4-3.26　更换主题整体效果

Step 4　更换主题字体：选中任意一张幻灯片，单击"设计"选项卡"主题"组中"字体"右侧的倒三角按钮，选择内置主题字体"行云流水"，如图 4-3.27 所示，效果如图 4-3.17 所示。

图 4-3.27　更换主题字体

任务 4.3.4　SmartArt 图的应用

为幻灯片添加 SmartArt 图。

【效果展示】

插入 SmartArt 图后的效果如图 4-3.28 所示。

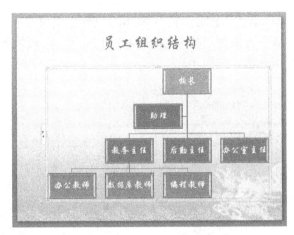

图 4-3.28　插入 SmartArt 图效果

【图示步骤】

Step 1　插入 SmartArt 图：打开培训教程 3 演示文稿，选中第四张幻灯片，单击"插入"选项卡"插图"组中的"SmartArt"选项，打开"选择 SmartArt 图形"对话框，在"层次结构"选项卡中选择"组织结构图"，如图 4-3.29 所示，单击"确定"按钮插入。

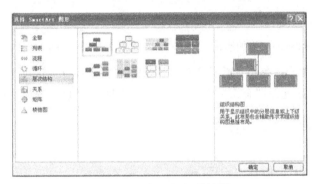

图 4-3.29　插入组织结构图

Step 2　输入文本。

方法一："在此处键入文字"处，单击"文本"即可输入文字。

方法二：选中 SmartArt 图中的一个形状，输入文本即可，如图 4-3.30 所示。

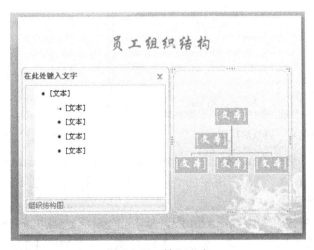

图 4-3.30　输入文本

Step 3 添加形状：单击形状"教务主任"，选择"设计"选项卡下"创建图形"组中"添加形状"下拉按钮，选择"在下方添加形状"，如图 4-3.31 所示，在形状上右击，在弹出的快捷菜单中选择"编辑文字"添加三次，如图 4-3.32 所示。

图 4-3.31　添加形状

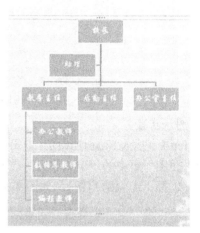

图 4-3.32　添加三次形状

Step 4 调整形状布局：单击"教务主任"形状，选择"设计"选项卡"创建图形"组中"布局"右侧的下三角按钮，选择"标准"项，如图 4-3.33 所示，整体效果如图 4-3.34 所示。

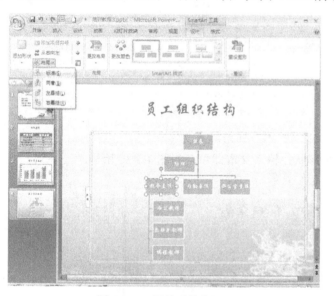

图 4-3.33　调整形状布局

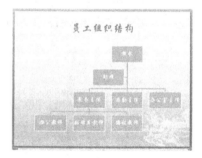

图 4-3.34　调整形状布局后的效果

Step 5 更改颜色：选中 SmartArt 图，单击"设计"选项卡下"SmartArt 图样式"组中"更改颜色"下三角按钮，选择"色彩"组中的"色彩范围-强调文字颜色 4-5"样式，如图 4-3.35 所示，效果如图 4-3.36 所示。

Step 6 快速设置样式：选中 SmartArt 图，单击"设计"选项卡下"SmartArt 图样式"组中的"其他"按钮，选择"卡通"样式，如图 4-3.37 所示。效果如图 4-3.28 所示。

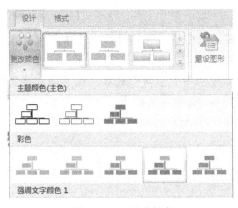

图 4-3.35　更改颜色

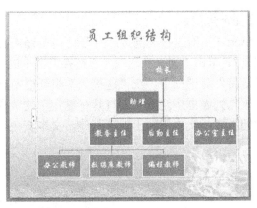

图 4-3.36　更改颜色后的效果

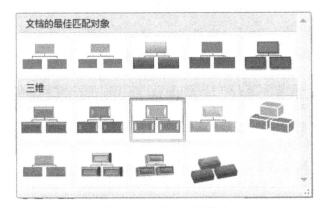

图 4-3.37　设置卡通样式

任务 4.3.5　交互式演示文稿的制作

为幻灯片添加主题并设置背景。

【效果展示】

超级链接效果如图 4-3.38 所示。

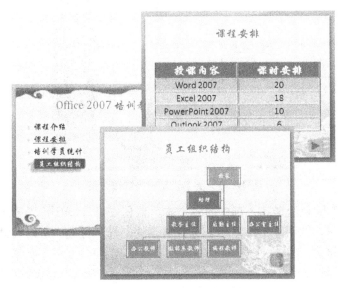

图 4-3.38　超级链接效果图

【图示步骤】

Step 1 创建超级链接：打开培训教程4演示文稿，选中第一张幻灯片，选中内容文本"课程安排"，单击"插入"选项卡"链接"组中的"超链接"按钮，如图4-3.39所示，在弹出的"插入超链接"对话框中，在"链接到"组合框中选择"本文档中的位置"选项，在"请选择文档中的位置"列表框中选择"幻灯片标题"下的"课程安排"，如图4-3.40所示，单击"确定"按钮创建超链接，文本下面出现下画线，文本变色，如图4-3.41所示。

图4-3.39 设置超级链接

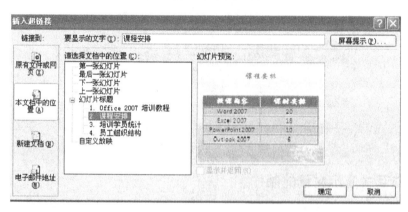

图4-3.40 链接的位置

图4-3.41 文字设置超级链接效果

Step 2 更改、删除超级链接：选中内容文本"课程安排"，单击"插入"选项卡"链接"组中的"超链接"按钮，如图4-3.42所示。选择需要的幻灯片标题，可修改链接；单击"删除链接"按钮，则删除链接。

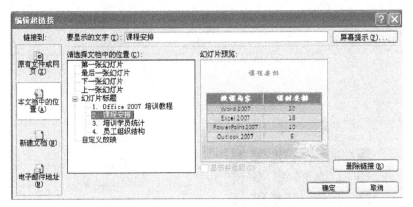

图 4-3.42　更改、删除超级链接

Step 3　绘制、设置形状：将光标置于第一页幻灯片中，单击"插入"选项卡"插图"组"形状"下拉列表中"矩形"组合框中的"圆角矩形"形状，如图 4-3.43 所示，在第一页幻灯片中拖曳出圆角矩形；选中圆角矩形，单击"格式"选项卡的"大小"组，修改"高"的值为"1.3 厘米"，"宽"的值为"7 厘米"。单击"形状样式"组中的"其他"按钮，如图 4-3.44 所示，选择"强烈效果-强调颜色 5"样式，如图 4-3.45 所示，将光标在圆角矩形上右击，在弹出的快捷菜单中单击"编辑文字"命令，如图 4-3.46 所示，在文本框中输入"员工组织结构"。单击"格式"选项卡"形状样式"组中"形状效果"右侧的下三角按钮，在下拉列表中选择"预设"列表中的"预设 5"样式，如图 4-3.47 所示，移动到相应位置，效果如图 4-3.48 所示。

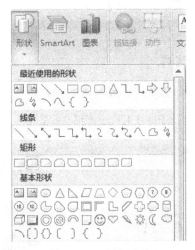

图 4-3.43　插入形状

图 4-3.44　设置形状大小

图 4-3.45　设置形状样式

图 4-3.46　编辑文字

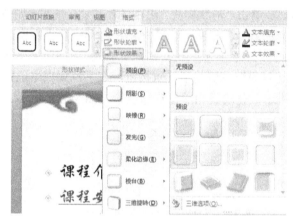

图 4-3.47　设置预设效果

图 4-3.48　效果图

Step 4　插入超级链接：选中形状"员工组织结构"，单击 "插入"选项卡"链接"组中的"超链接"按钮，如图 4-3.39 所示，弹出"插入超链接"对话框，在"链接到"组合框中选择"本文档中的位置"选项，在"请选择文档中的位置"列表框中选择"幻灯片标题"下的"员工组织结构"，如图 4-3.40 所示，单击"确定"按钮插入超链接。放映时鼠标在"员工组织结构"形状上时为"手型"。

Step 5　添加动作按钮：将光标置于第二页幻灯片中，单击"插入"选项卡"插图"组"形状"下拉列表"动作按钮"组合框中的"前进或下一项"按钮，如图 4-3.43 所示，在第二页幻灯片中拖曳，弹出"动作设置"对话框，在"动作设置"对话框中选择"单击鼠标"选项卡，选中"超链接到"单选按钮，在其下拉列表中选择"幻灯片"，如图 4-3.49 所示，弹出"超链接到幻灯片"对话框，选中要链接到的幻灯片标题（本活动为"培训学员统计"），如图 4-3.50 所示，单击"确定"按钮，返回"动作设置"对话框，单击"确定"按钮添加动作按钮。

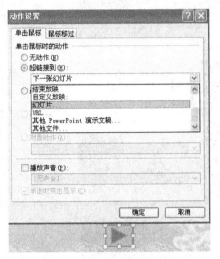

图 4-3.49　绘制动作按钮

图 4-3.50　选择链接的位置

Step 5　添加、设置空白动作按钮：在第四张幻灯片中添加空白动作按钮，添加方法同上，只是添加在第四张幻灯片中，"动作按钮"选择"自定义"，如图 4-3.51 所示，"超链接到幻灯片"选择第一张。给空白动作按钮添加图片填充，并设置为动作按钮形状效果，为"柔化边缘"10磅。效果如图 4-3.38 所示。

图 4-3.51　添加空白动作按钮

项目 4.4　古诗鉴赏

【技能目标】

通过本项目的学习，学生应熟练掌握 PowerPoint 2007 演示文稿中幻灯片母版的使用；熟悉页眉页脚的设置；掌握幻灯片中声音的插入及设置；掌握幻灯片中动画效果的设置；掌握演示文稿的放映设置；学会发布演示文稿。

【效果展示】

完成效果如图 4-4.1 所示。

图 4-4.1　效果图

任务 4.4.1　母版的应用

在幻灯片母版中设置标题样式和文本样式。

【效果展示】

完成效果如图 4-4.2 所示。

图 4-4.2　效果图

【图示步骤】

Step 1 打开母版：打开"古诗鉴赏"演示文稿，选中第二张幻灯片，单击"视图"选项卡"演示文稿视图"组中的"幻灯片母版"，进入"幻灯片母版"选项卡，如图 4-4.3 所示。

Step 2 设置母版标题样式：选中"单击此处编辑母版标题样式"占位符，单击"格式"选项卡"艺术字样式"组中的"其他"按钮，选中"填充-强调文字颜色 2，粗糙棱台"样式。

Step 3 设置母版文本样式：选中"单击此处编辑母版文本样式"占位符，单击"格式"选项卡"艺术字样式"组中的"其他"按钮，选中"填充-强调文字颜色 1，金属棱台，映像"样式，如图 4-4.4 所示。

Step 4 退出母版：单击"幻灯片母版"选项卡，单击"关闭母版视图"选项，效果如图 4-4.2 所示。

【相关知识】

母版类型：幻灯片母版、讲义母版、备注母版。

图 4-4.3 母版选项卡　　　　　图 4-4.4 母版中设置标题文本样式

任务 4.4.2 设置页眉页脚

在幻灯片母版中为"古诗鉴赏 1"添加页眉页脚。

【效果展示】

完成效果如图 4-4.5 所示。

图 4-4.5 效果图

【图示步骤】

Step 1 打开母版：打开"古诗鉴赏 1"演示文稿，选中第二张幻灯片，单击"视图"选项卡"演示文稿视图"组中的"幻灯片母版"选项，进入"幻灯片母版"选项卡。

Step 2 勾选 "母版版式"组中的页脚选项。

Step 3 设置页眉页脚：单击"插入选项卡"下"文本"组中的"页眉页脚"选项，弹出"页眉和页脚"对话框，勾选"日期和时间""幻灯片编号""页脚""标题幻灯片中不显示"复选框，并在"页脚"文本框中输入"古诗鉴赏"，如图 4-4.6 所示，单击"应用"按钮。

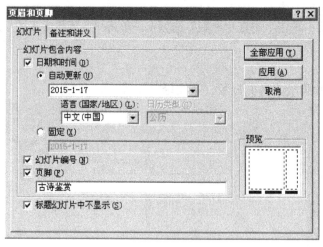

图 4-4.6 "页眉和页脚"对话框

Step 4 设置页脚样式：选中页脚文字"古诗鉴赏"，设置字体为隶属，字号为 18 磅，颜色为蓝色。日期和页码同样设置。

Step 5 退出母版：单击"幻灯片母版"选项卡，单击"关闭母版视图"，效果如图 4-4.5 所示。

任务 4.4.3 设置幻灯片动画

为"古诗鉴赏 2"设置动画。

【效果展示】 见古诗鉴赏 3 演示文稿

【图示步骤】

Step 1 为首页设置动画：打开"古诗鉴赏 2"演示文稿，选中第一张幻灯片文字"古诗鉴赏"，单击"动画"选项卡"动画"组中的"自定义动画"按钮，打开"自定义动画"任务窗格。单击"添加效果"倒三角按钮，将鼠标移动到"进入"下拉列表的"其他效果"处单击，弹出"添加进入效果"对话框如图 4-4.7 所示，选择"飞入"效果，单击"确定"按钮。单击"自定义动画"任务窗格中的"开始"右侧的下拉三角形，选择"之前"选项；单击方向右侧下拉三角形，选择"自底部"选项；单击"速度"右侧下拉三角形，选择"中速"，如图 4-4.8 所示。单击"播放"按钮，查看动画效果。

Step 2 为全部幻灯片标题设置相同动画：选中第二张幻灯片，进入母版，选中"单击此处编辑母版标题样式"占位符，单击"动画"选项卡"动画"组中的"自定义动画"，随即打开"自定义动画"任务窗格，单击"添加动画"按钮，进入动画里的"擦除"设置，设置擦除动画的开始为"单击时"，方向为"自顶部"，速度为"中速"。

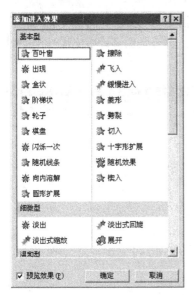

图 4-4.7 "添加进入效果"对话框   图 4-4.8 自定义动画任务窗格

Step 3 为全部占位符文本添加相同动画。选中"单击此处编辑母版文本样式"占位符，单击"动画"选项卡"动画"组中"自定义动画"按钮，随即打开"自定义动画"任务窗格，单击"添加动画"按钮，进入动画里的"螺旋飞入"效果设置，设置"螺旋飞入"动画的开始为"之后"，速度为"中速"。单击"竖排文字占位符"右侧的倒三角按钮，单击"效果选项"，弹出"螺旋飞入"对话框，如图 4-4.9 所示，单击"效果"选项卡"增强"选项组中"声音"右侧下拉三角形，选择"鼓声"选项，单击"动画文本"右侧下拉三角形，选择"按字母"选项，单击"确定"按钮添加动画。

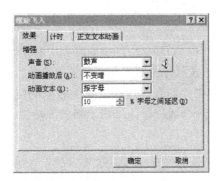

图 4-4.9 动画设置对话框

Step 4 退出母版：单击"幻灯片母版"选项卡，单击"关闭母版视图"按钮。另存为"古诗鉴赏 3"。

母版外设置动画与此相同。

任务 4.4.4 幻灯片中声音的插入及设置

为"古诗鉴赏 3"配置声音并设置播放方式。

【效果展示】 见古诗鉴赏 4 演示文稿

【图示步骤】

Step 1 插入声音文件：打开"古诗鉴赏 3"演示文稿，选中第一张幻灯片，单击"插入"选项卡"媒体剪辑"组中的"声音"下拉三角形，选择"文件中的声音"，弹出"插入声音"对话框，在"查找范围"后浏览找到声音文件"高山流水"，如图 4-4.10 所示，单击"确定"按钮，弹出如图 4-4.11 所示的对话框，单击"自动"按钮，第一张幻灯片中出现一个小喇叭声音图标，如图 4-4.12 所示。

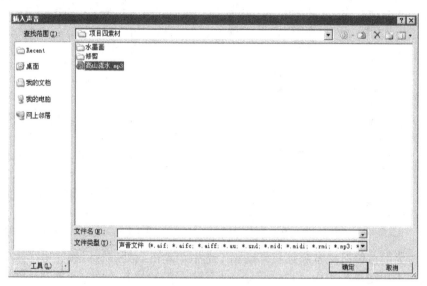

图 4-4.10　插入声音对话框

图 4-4.11　播放方式对话框

图 4-4.12　插入声音文件

Step 2　设置声音播放方式：选择小喇叭图标，单击"选项"选项卡"声音选项"组中的"循环播放，直到停止"复选项；单击"幻灯片放映音量"右侧的倒三角按钮，选择音量"低"，如图 4-4.13 所示，移动小喇叭图标到合适位置。单击"播放"按钮，查看动画效果。此时声音文件仅在第一张幻灯片中循环播放。

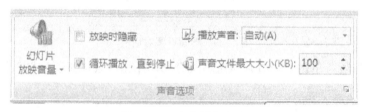

图 4-4.13　声音播放设置

Step 3　设置声音文件在整个演示文稿播放。选中第一张幻灯片，单击"动画"选项卡"动画"组中的"自定义动画"按钮，弹出"自定义动画"窗格，动画中出现"高山流水"声音动画，选中"高山流水"动画，单击"重新排序"向上按钮，将音乐调整为第一个播放；选中"高山流水"动画，单击右侧下拉箭头，单击其中的"效果选项"，弹出"播放声音"对话框，设置开始播放为"从头开始"，停止播放为"在 5 张幻灯片后"，如图 4-4.14 所示，单击"确定"按钮。另存为"古诗鉴赏 4"。

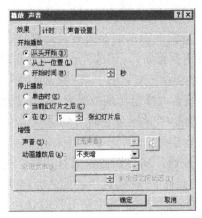

图 4-4.14　播放声音对话框

任务 4.4.5　设置幻灯片切换效果

为"古诗鉴赏 4"设置每张幻灯片不同的切换效果。

【效果展示】　见古诗鉴赏 5 演示文稿

【图示步骤】

Step 1　为第一张幻灯片设置切换方式：打开"古诗鉴赏 4"演示文稿，选中第一张幻灯片，单击"动画"选项卡，单击"切换到此幻灯片"组（见图 4-4.15）中的"其他"选项，弹出切换效果对话框，如图 4-4.16 所示，选择"向下擦除"效果，切换速度选择"中速"，换片方式中取消"单击鼠标时"的对号，勾选"在此之后自动设置动画效果：00:10"。

图 4-4.15　切换到此幻灯片组

图 4-4.16　切换效果

Step 2 为第二张幻灯片设置切换方式：选中第二张幻灯片，单击"动画"选项卡，单击"切换到此幻灯片"组中的"其他"按钮，弹出切换效果对话框，选择"盒状收缩"，切换速度选择"中速"，换片方式取消选中"单击鼠标时"，勾选"在此之后自动设置动画效果：00:10"。

Step 3 为第三张幻灯片设置切换方式：选中第三张幻灯片，单击"动画"选项卡，单击"切换到此幻灯片"组中的"其他"按钮，弹出切换效果对话框，选择"顺时针回旋，8根轮辐"，切换速度选择"中速"，换片方式取消选中"单击鼠标时"，勾选"在此之后自动设置动画效果：00:10"。

Step 4 为第四张幻灯片设置切换方式：选中第四张幻灯片，单击"动画"选项卡，单击"切换到此幻灯片"组中的"其他"按钮，弹出切换效果对话框，选择"圆形"，切换速度选择"中速"，换片方式中取消选中"单击鼠标时"，勾选"在此之后自动设置动画效果：00:10"。

Step 5 为第五张幻灯片设置切换方式：选中第五张幻灯片，单击"动画"选项卡，单击"切换到此幻灯片"组中的"其他"选项，弹出切换效果对话框，选择"新闻快报"，切换速度选择"中速"，换片方式中取消选中"单击鼠标时"，勾选"在此之后自动设置动画效果：00:10"，切换声音选择"照相机"。

任务 4.4.6 发布演示文稿

发布"古诗鉴赏 5"。

【技能目标】

掌握演示文稿发布的方法。

【效果展示】

见古诗鉴赏.htm，如图 4-4.1 所示。

【图示步骤】

Step 1 打开"古诗鉴赏 5"演示文稿，单击"Office 按钮"，选择"另存为"下的"PowerPoint 演示文稿"选项。

Step 2 在打开的"另存为"对话框中，在"保存类型"下拉列表中选择"网页（*.htm;*.html）"选项。

Step 3 单击"更改标题"选项，在弹出的"设置页标题"对话框中"页标题"文本框中输入"古诗鉴赏"，如图 4-4.17 所示，单击"确定"按钮返回"另存为"对话框。

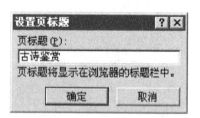

图 4-4.17 "设置页标题"对话框

Step 4 单击"另存为"对话框的"发布"按钮，弹出"发布为网页"对话框，如图 4-4.18 所示，单击"Web 选项"按钮，弹出"Web 选项"对话框，如图 4-4.19 所示。

Step 5 单击"常规"选项卡，勾选"添加幻灯片浏览控件"复选框，并在"颜色"下拉列表中选择"白底黑字"，勾选"重调图形尺寸以适应浏览器窗口"复选框。

Step 6 单击"浏览器"选项卡，在"目标浏览器"组中"查看此网页时使用"下拉列表中选择"Microsoft Internet Explorer6 或更高版本"，在"选项"组中勾选"允许将 PNG 作为图形格式"，如图 4-4.20 所示。

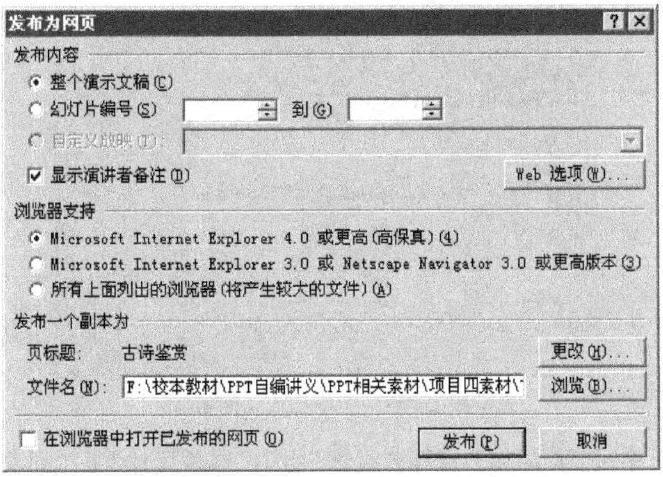

图 4-4. 18　"发布为网页"对话框

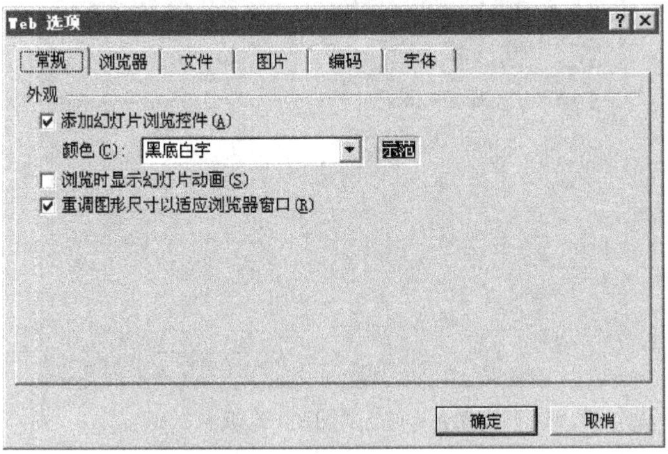

图 4-4.19　"Web 选项"对话框

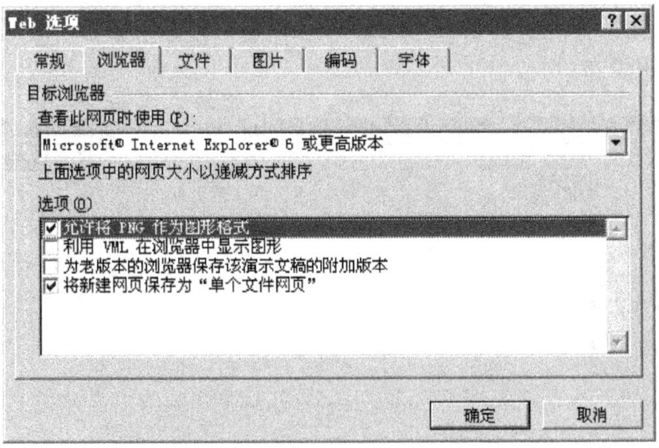

图 4-4.20　"浏览器"选项卡

Step 7　单击"文件"选项卡，勾选"文件的名称和位置"组中的"将支持文件组织到一个文件夹中""尽可能使用长文件名""保存时更新链接"选项，如图 4-4.21 所示。

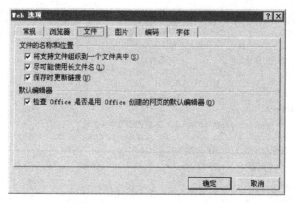

图 4-4.21　"文件"选项卡

Step 8　单击"图片"选项卡,在"目标监视器"组中"屏幕尺寸"下拉列表中选择"800×600",如图 4-4.22 所示,单击"确定"按钮返回"发布网页"对话框,如图 4-4.18 所示。

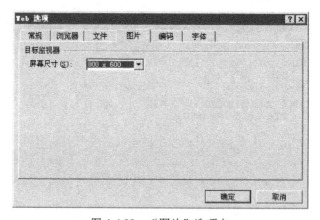

图 4-4.22　"图片"选项卡

Step 9　单击"发布一个副本为"组中的"浏览"按钮,弹出"发布为"对话框,如图 4-4.23 所示,在"保存位置"下拉列表中选择存放的位置,在"文件名"文本框中输入文件名,在"保存类型"下拉列表中选择"网页(*.htm;*.html)"。单击"确定"按钮,返回"发布为网页"对话框,单击"发布"按钮发布。

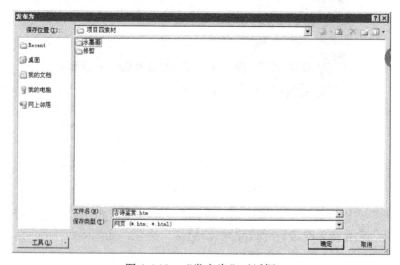

图 4-4.23　"发布为"对话框

Step 10 此时，在项目四素材下出现一个标题为"古诗鉴赏"的文件夹和一个标题为"古诗鉴赏"的.htm 文件。

项目小结

本项目通过制作古诗鉴赏，详细介绍了母版的应用、页眉页脚的设置、动画的设置、声音的插入及设置、幻灯片切换效果、发布演示文稿。学习本项目之后，就可以编辑出带有声音和动画效果的幻灯片，并可以将演示文稿发布到网页上。

项目实训

制作如图 4-4.24 所示的圣诞贺卡，动画设置要求：星星进入效果为"淡出"，雪花为自定义路径，文字进入效果为"弹跳"，雪人进入效果为"向内溶解"。同时，插入背景音乐。

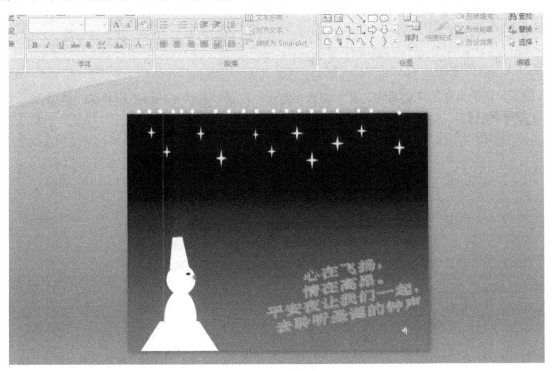

图 4-4.24　圣诞贺卡

模块五　联合办公

【工作情境】

在日常信息处理中，经常需要联合使用各种办公软件处理、解决问题。王红作为一名办公文员，经常会遇到在文档中重复完成一些操作；在文档中插入声音、视频对象；在 Word 中插入 Excel 图表；在演示文稿中插入工作表对象；将数据表发布为网页等办公软件的联合应用问题，即 Word 软件与其他应用软件的联合操作、Excel 软件与其他应用软件的联合操作、PowerPoint 软件与其他应用软件的联合操作。因此，应用办公软件联合完成工作任务，是现代办公中的一项高级技能。

项目 5.1　编写软件操作手册

【技能目标】

通过本项目的学习，学生应熟练掌握 Word、Excel 中宏的录制、运行及管理方法。

任务 5.1.1　录制宏

使用宏记录重复的文档操作，并为该宏指定保存位置以及快速访问按钮和快捷键组合。

【效果展示】

"文字加粗下划线"宏效果如图 5-1.1 所示。

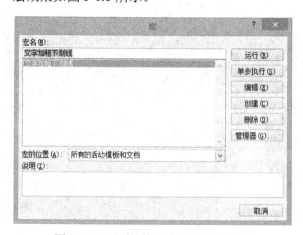

图 5-1.1　"文字加粗下划线"宏效果图

【图示步骤】

Step 1　选中文档中需要修改格式的文字。

Step 2　依次单击"视图"选项卡"宏"功能组中"宏"按钮下方的"录制宏"命令，打开"录制宏"对话框，如图 5-1.2 所示。在"宏名"文本框中输入新录制宏的名称，在"说明"文本框中输入宏的功能说明。

Step 3　在"将宏保存在"下拉列表中可以选择保存宏的位置，如选择"所有文档（Normal.dotm）"则该宏可以在所有文档中被调用；选择"宏的创建（文档）"则该宏仅可在创建它的文档中使用。如图 5-1.3 所示。

Step 4　单击"按钮"可以将录制好的宏添加到"自定义快速访问工具栏"中，如图 5-1.4 所示。

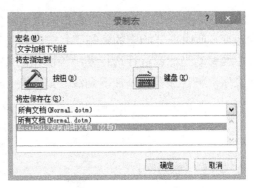

图 5-1.2 "录制宏"对话框 1　　　　　　　　图 5-1.3 "录制宏"对话框 2

图 5-1.4　将录制好的宏添加到"自定义快速访问工具栏"中

也可以单击"键盘"按钮，打开"自定义键盘"对话框，如图 5-1.5 所示，按下指定宏运行的快捷键【Alt+Ctrl+M】，并单击"指定"按钮，即可为录制的宏指定快捷键。

图 5-1.5　"自定义键盘"对话框

Step 5 单击"宏录制"对话框的"确定"按钮或完成对宏快捷键的指定之后，鼠标指针会发生改变，此时即开始宏的录制了。宏的录制不记录执行的操作，只记录操作的结果。故在录制过程中要移动光标或进行选择复制等操作，只能依靠键盘执行。使用键盘移动光标选中要修改格式的文字，将其加粗和添加下划线，如图 5-1.6 所示。

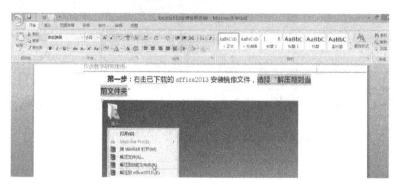

图 5-1.6 录制"文字加粗下划线"宏

Step 6 单击"宏"功能组中"宏"按钮下方的"停止录制"按钮，即完成了宏的录制。

任务 5.1.2　宏的运行

运行宏"文字加粗下划线"，修改文档中指定文字的格式。

【效果展示】

运行宏"文字加粗下划线"的效果如图 5-1.7 所示。

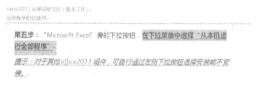

图 5-1.7　运行宏效果图

【图示步骤】

Step 1 选中文档中需要修改格式的文字。

Step 2 单击"宏"功能组中"宏"按钮下方的"查看宏"命令或按下【Alt+F8】组合键，打开"宏"对话框，如图 5-1.8 所示，选中所要执行的宏，单击"运行"按钮，即可执行该宏。通过单击"单步执行"按钮，可以每次只执行一步操作，这样就能够分步看到宏的操作及效果。

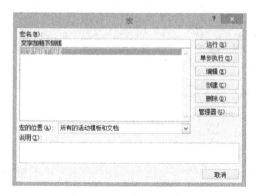

图 5-1.8　"宏"对话框

如果在录制的时候为宏指定了"快速访问按钮"或快捷键组合，也可通过单击"快速访问工具栏"中的按钮或按下快捷键组合来运行宏。

任务 5.1.3　管理宏

活动 1　使用"管理器"复制宏组

使用"管理器"复制其他模板中的宏组，运行"为文字添加底纹"宏对当前文档中的指定文字进行格式修改。

在 Office 2007 中，宏可以很容易的在不同的模板或文档之间进行复制，但由于宏被保存在模板或组中，因此无法复制单个宏，只能复制一组宏。

【图示步骤】

Step 1　在"宏"对话框中单击"管理器"按钮，打开"管理器"对话框，如图 5-1.9 所示，该对话框左侧列表框列出的是当前活动文档中使用的宏组，右侧列表框列出的是 Normal.dotm 模板中的宏组（选中要复制的宏组，单击"复制"按钮，可实现宏组在不同模板或文档间的复制）。

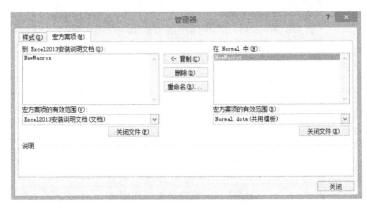

图 5-1.9　"管理器"对话框 1

Step 2　单击右侧的"关闭文件"按钮关闭 Normal.dotm 模板，同时"关闭文件"按钮会变为"打开文件"，如图 5-1.10 所示。

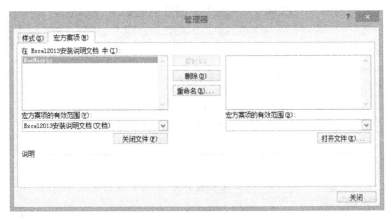

图 5-1.10　"管理器"对话框 2

Step 3　单击"打开文件"按钮，即可打开其他文档或模板，选中右侧模板中"新模板中的宏"并单击"复制"按钮进行宏组的复制，如图 5-1.11 所示。

图 5-1.11 "管理器"对话框 3

Step 4 完成宏组的复制后，打开"宏"对话框可查看并运行新复制的宏，如图 5-1.12 所示。

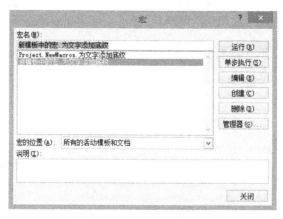

图 5-1.12 查看新复制的宏

活动 2　删除宏

【图示步骤】

Step 1 打开"软件操作手册"文档，单击"视图"选项卡"宏"组中的"宏"按钮，在打开的"宏"对话框中（如图 5-1.13 所示），选中要删除的宏命令"宏 1"。

Step 2 单击"删除"按钮，弹出删除询问对话框，如图 5-1.14 所示。单击"是（Y）"按钮，即完成了"宏 1"的删除。

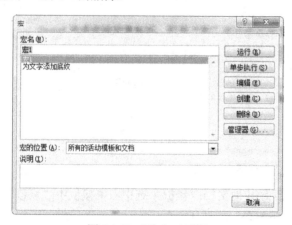

图 5-1.13 "宏"对话框

图 5-1.14 删除询问对话框

项目小结

通过本项目的学习，我们掌握了如何在 Word、Excel 中录制、运行宏，以及复制、删除宏的方法。

项目实训

打开"模块五项目 5.1 实训.docx"文档，依次完成下列操作：

（1）在文档中以"MACRO1"为宏名录制宏，将宏保存在当前文档中，并指定快捷键为【Alt+Z】。要求设置字体为华文楷体、加粗、四号、红色、带下画线，行间距为固定值 25 磅。

（2）按照图 5-1.15 所示，利用快捷键将录制的宏应用在第 1 段中。

（3）将当前文档以"启用宏的 Word 文档"的类型进行保存。

微笑之谜

500 年来，人们一直对《蒙娜丽莎》神秘的微笑莫衷一是。不同的观者或在不同的时间去看，感受似乎都不同。有时觉得地笑得舒畅温柔，有时又显得严肃，有时像是略含衰伤，有时甚至显出讥讽和揶揄。在一幅画中，光线的变化不能像在雕塑中产生那样大的差别。但在蒙娜丽莎的脸上，微睁的阴影时隐时现，为地的双眼与唇部披上了一层面纱。而人的笑容主要表现在眼角和嘴角上，达·芬奇却偏把这些部位画得若隐若现，没有明确的界线，因此才会有这令人捉摸不定的"神秘的微笑"。荷兰阿姆斯特丹的一所大学应用"情感识别软件"分析出蒙娜丽莎的微笑包含的内容及比例：高兴 83%，厌恶 9%，恐惧 6%，愤怒 2%。

哈佛大学神经科专家玛格丽特·利文斯通博士说，蒙娜丽莎的微笑时隐时现，是与人体视觉系统有关，而不是因为画中人表情神秘莫测。利文斯通博士是视觉神经活动方面的权威，主要研究眼睛与大脑对不同对比和光暗的反应。利文斯通说："笑容忽隐忽现，是由于观看者改变了眼睛位置。"她表示，人类的眼睛内有两个不同部分接收影像。中央部分（即视网膜上的浅窝）负责分辨颜色、细致印记。环绕浅窝的外围部分则留意黑白、动作和阴影。据利文斯通

图 5-1.15　模块五项目 5.1 实训效果图

项目 5.2　在 Office 文档中插入声音或视频对象

【技能目标】

通过本项目的学习，学生应熟练掌握在 Office 文档中插入声音或视频对象的方法。

任务 5.2.1　在 Word 文档中插入声音对象

【效果展示】

在 Word 文档中插入声音对象后的效果如图 5-2.1 所示。

第五步："Microsoft Excel"旁的下拉按钮，在下拉菜单中选择"从本机运行全部程序"。

提示：对于其他 office2013 组件，可自行通过左侧下拉按钮选择安装或不安

装。　　重要说明.wav

图 5-2.1　在 Word 文档中插入声音对象后的效果图

Word 2007 中插入声音和视频时并没有实际的插入操作，而是采用插入链接的方式实现的。

【图示步骤】

Step 1　单击"插入"选项卡"文本"组中"对象"按钮下拉列表中的"对象"命令，打开"对象"对话框。

Step 2 选择"由文件创建"选项卡，单击"浏览"按钮，选择要插入的声音或视频文件，单击"确定"按钮，如图 5-2.2 所示。

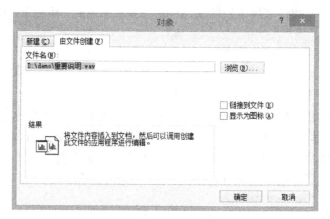

图 5-2.2 "对象"对话框

Step 3 在"对象"对话框中可设置是否将插入的对象显示为图标，如图 5-2.3 所示。

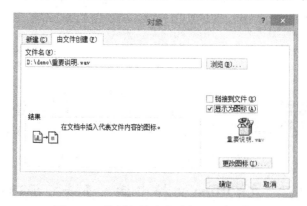

图 5-2.3 将插入的声音对象显示为图标

Step 4 单击"更改图标"按钮可修改插入对象的图标（如果不显示为图标，则文件将以默认格式插入到文档中），如图 5-2.4 所示。

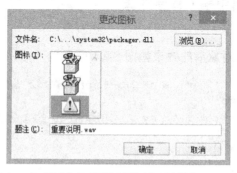

图 5-2.4 "更改图标"对话框

Step 5 双击显示图标，即可激活插入的对象，并能够以嵌入或链接的方式播放，如图 5-2.5 所示。

第五步："Microsoft Excel"旁的下拉按钮，在下拉菜单中选择"从本机运行全部程序"。

提示：对于其他office…… 不安

重要说明.wav

装。

图 5-2.5　激活插入的对象

任务 5.2.2　在演示文稿中插入声音对象

【效果展示】

在演示文稿中插入声音对象的效果如图 5-2.6 所示。

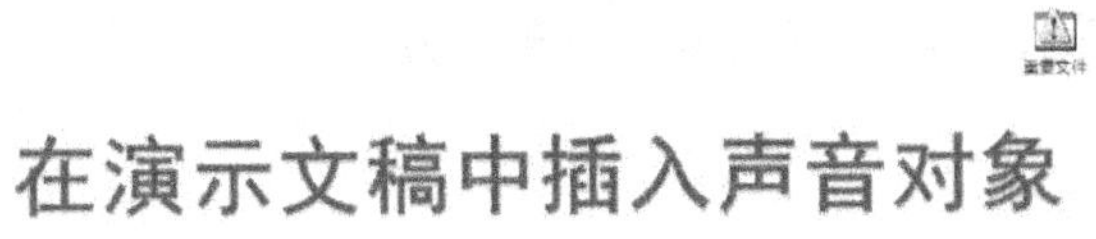

在演示文稿中插入声音对象

图 5-2.6　在演示文稿中插入声音对象

【图示步骤】

Step 1　单击"插入"选项卡"文本"组中的"对象"按钮，打开"插入对象"对话框，如图 5-2.7 所示。

图 5-2.7　"插入对象"对话框

Step 2　选中"由文件创建"单选钮，单击"浏览"按钮，如图 5-2.8 所示，选择要插入的声音或视频文件，单击"确定"按钮。

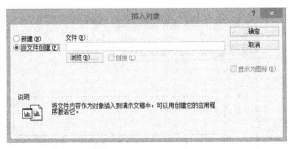

图 5-2.8　"插入对象"对话框

Step 3　选中"显示为图标"复选框后,单击"更改图标"按钮修改插入对象的图标,以及图标显示的标题,如图 5-2.9 所示。

图 5-2.9　"更改图标"对话框

【应用扩展】

在 PowerPoint 2007 中,也可以通过插入对象功能将声音和视频文件作为对象插入到幻灯片中。

项目小结

通过本项目的学习,我们学习了如何在 Office 文档中插入声音或视频对象,掌握了在 Word 文档中插入声音对象、在演示文稿中插入声音对象的方法。

项目实训

打开"模块五项目 5.2 实训.docx"文档,依次完成下列操作:

(1)在文档中插入声音文件"模块五实训二.wma"。

(2)将图标替换为"模块五实训三.exe"。

(3)设置格式为宽 2.5 厘米,高 1.5 厘米,环线方式为浮于文字上方。

(4)插入文档中的声音对象。

项目 5.3　编写销售分析报告

【技能目标】

通过本项目的学习,学生应熟练掌握在 Word 文档中插入 Excel 工作簿对象及 Excel 图表的方法。

任务 5.3.1　在 Word 文档中插入 Excel 工作簿对象

制作销售分析报告文档,并在其中插入"XX 商厦销售数据"表。

【图示步骤】

Step 1　在"插入"选项卡的"文本"组中单击"对象"按钮,打开"对象"对话框。选中"由文件创建"选项卡,如图 5-3.1 所示。

图 5-3.1　"对象"对话框

Step 2 单击"浏览"按钮，定位并选中要插入的对象，单击"插入"按钮，单击"确定"按钮，工作表将以图片形式插入 Word 文档中，效果如图 5-3.2 所示。

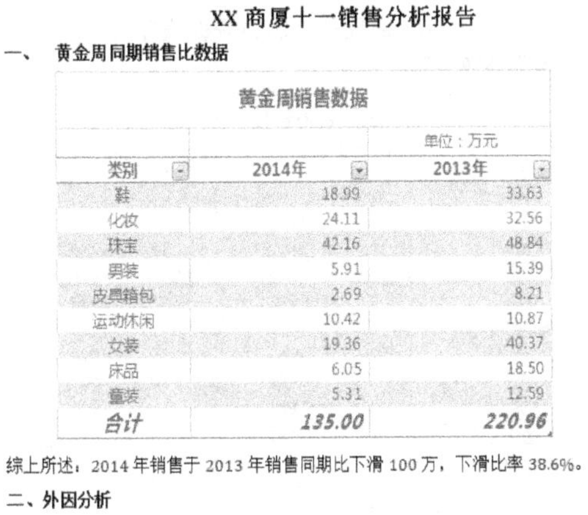

图 5-3.2 以图片形式插入 Excel 工作簿的效果图

Step 3 重复上述步骤，勾选"链接到文件"复选框，则插入表格的数据与源工作表同步更新，如图 5-3.3 所示。若未勾选此项，插入的工作表将以静态副本形式嵌入到文档中。

Step 4 在 Word 文档中双击该插入的表格，系统会在文档中打开工作表，将童装 2014 年销售数据改为 9.31 万，保存并关闭。

图 5-3.3 以动态形式插入 Excel 工作簿对象效果图

任务 5.3.2 在 Word 文档中插入 Excel 图表

在 Word 文档中插入 Excel 图表的效果如图 5-3.4 所示。

活动 1 通过粘贴为 Microsoft Excel 图表对象的形式插入数据图

【图示步骤】

Step 1 在 Excel 文件中以"黄金周销售数据表"作为数据源生成柱形图，如图 5-3.5 所示。

Step 2 选中生成的"黄金周销售数据图"图表，右击复制（也可使用快捷键【Ctrl+C】对其进行复制）。

Step 3 打开"销售分析报告"文档，单击"粘贴"按钮下拉列表中的"选择性粘贴"命令。打开"选择性粘贴"对话框，如图 5-3.6 所示。选中"Microsoft Office Excel 图表对象"，将复制的数据图选择性粘贴为"Microsoft Excel 图表对象"。

Step 4 单击"确定"按钮，效果如图 5-3.7 所示。

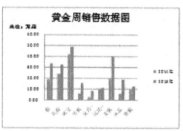

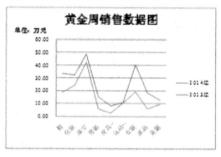

图 5-3.4　在 Word 文档中插入 Excel 图表的效果图

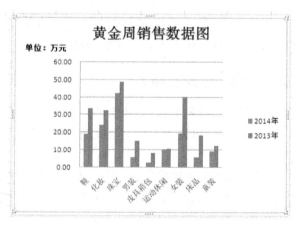

图 5-3.5　黄金周销售数据图

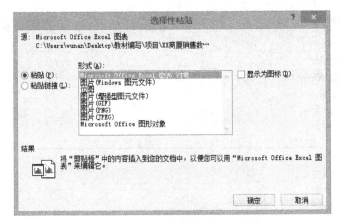

图 5-3.6 "选择性粘贴"对话框

XX 商厦十一销售分析报告

黄金周同期销售比数据

黄金周销售数据		
		单位：万元
类别	2014年	2013年
鞋	18.99	33.63
化妆	24.11	32.56
珠宝	42.16	48.84
男装	5.91	15.39
皮具箱包	2.69	8.21
运动休闲	10.42	10.87
女装	19.36	40.37
床品	6.05	18.50
童装	9.31	12.59
合计	139.00	220.96

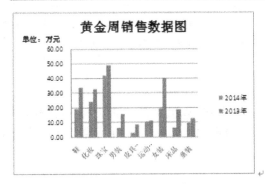

图 5-3.7 插入 Excel 图表后的效果图

活动 2 对图表类型进行修改

【图示步骤】

Step 1 在"销售分析报告"文档中选中"黄金周销售数据图"，并进行复制。

Step 2 再次将其选择性粘贴为"Microsoft Excel 图表对象"，在文档中双击该图表，进入图表编辑状态，在绘图区右击，在弹出的快捷菜单中选择"更改图表类型"选项，打开"更改图表类型"对话框，如图 5-3.8 所示。

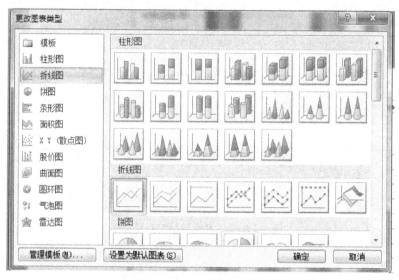

图 5-3.8 "更改图表类型"对话框

Step 3 选择"折线图",将图表类型由柱形图改为折线图。完成后的效果如图 5-3.9 所示。

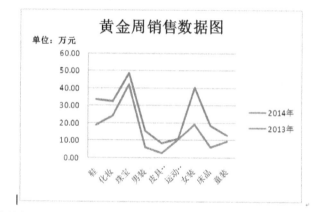

综上所述:2014 年销售于 2013 年销售同期比下滑 100 万,下滑比率 38.6%。

图 5-3.9 更改图表类型后的效果图

项目小结

通过本项目的学习,我们掌握了如何在 Word 文档中插入 Excel 工作簿对象及 Excel 图表的方法,掌握了通过修改插入工作簿中的数据关联修改 Word 中数据,以及修改插入的图表类型的方法。

项目实训

打开"模块五项目 5.3 实训.docx"文档,依次完成下列操作:

（1）在文档的第 2 页插入工作簿"模块五项目三实训素材.xlsx"。

（2）将工作表中的数据生成图表,图表类型为"分离型三维饼图"。

（3）将第 2 页中的图表以 Excel 对象的形式复制粘贴至当前文档的第 3 页,并将图表类型更改为"复合条饼图"。

项目 5.4　编写销售分析演示文稿

【技能目标】

通过本项目的学习，学生应熟练掌握将 Word 文档发送到演示文稿、在演示文稿中插入工作表对象以及在 Word 2007 中插入演示文稿的方法。

任务 5.4.1　根据销售分析文档内容制作销售分析演示文稿

使用 Word 2007 中"发送到 Microsoft Office PowerPoint"命令将完成排版的"销售分析文档"发送至演示文稿。

【效果展示】

销售分析演示文稿效果如图 5-4.1 所示。

XX商厦十一销售分析报告

　　⟩ 黄金周同期销售比数据

　　⟩ 外因分析
　　⟩ 1．外因环境分析
　　⟩ 2．本土区域市场分析
　　⟩ 3．内因分析
　　⟩ 应对市场策略提议

图 5-4.1　销售分析演示文稿效果图

在实际工作中常常会需要根据某个 Word 文档内容来组织一个演示文稿，一般的方法是将 Word 文档中的内容逐一地复制到演示文稿中，操作比较烦琐，这时可以利用 Word 2007 中的"发送到 Microsoft PowerPoint"命令快速地创建一个演示文稿的草稿，从而省去大量复制粘贴操作。

【图示步骤】

Step 1　为了使发送到演示文稿的 Word 文档内容能够正确的显示，需要在发送之前对文档格式进行设置，将文档标题"XX 商厦十一销售分析报告"设置为大纲级别"1 级"，该内容将被放置到幻灯片的标题占位符中，将"黄金周同期销售比数据"文字设置为大纲级别"2 级"，这些文字会成为演示文稿中的第一级文本，将"1. 外因环境分析"内容设置为大纲级别"3 级"。

Step 2　将"发送到 Microsoft PowerPoint"命令添加至快速访问工具栏。单击"Office 图标"按钮，选择"Word 选项"命令，打开"Word 选项"对话框，如图 5-4.2 所示。

Step 3　打开"自定义"面板，在右侧的"从下列位置选择命令"的下拉列表中选择"不在功能区中的命令"选项，选择"发送到 Microsoft Office PowerPoint"命令并单击"添加"按钮，之后单击"确定"按钮关闭"Word 选项"对话框。

Step 4　单击"自定义快速访问工具栏"中的"发送到 Microsoft Office PowerPoint"命令，即可将当前 Word 文档中已完成大纲级别设置的内容发送到新建的 PowerPoint 演示文稿中。完成后的效果如图 5-4.1 所示。

图 5-4.2 "Word 选项"对话框

【应用扩展】

也可通过单击"自定义快速访问工具栏"下拉按钮快速打开"Word 选项"对话框"自定义"功能区。如图 5-4.3 所示。

图 5-4.3 自定义快速访问工具栏

任务 5.4.2 在销售分析演示文稿中插入销售数据表

将"XX 商厦销售数据"Excel 数据表对象插入销售分析演示文稿中。

【效果展示】

在 PowerPoint 中插入 Excel 数据表对象的效果如图 5-4.4 所示。

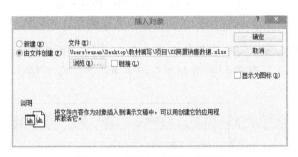

图 5-4.4　PowerPoint 中插入 Excel 数据表对象的效果图

虽然在 PowerPoint 2007 中已经提供了多种在幻灯片中插入表格的方式，但某些时候需要使插入的表格中的数据与 Excel 源文件一致能够同步更新数据，此时就需要通过插入对象的方式来实现，具体方法与在 Word 2007 文档中插入 Excel 工作簿操作基本相同。

【图示步骤】

Step 1　在销售分析演示文稿中定位至需要插入数据表的幻灯片，在"插入"选项卡的"文本"组中单击"对象"按钮。

Step 2　打开"插入对象"对话框。单击"浏览"按钮，定位并选中要插入的对象，单击"插入"按钮，然后单击"确定"按钮完成插入操作，如图 5-4.5 所示。也可以使用同样的方法插入 Excel 图表。

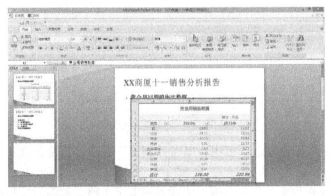

图 5-4.5　"插入对象"对话框

Step 3　在幻灯片中双击插入的表格即可对其数据进行编辑。完成后的效果如图 5-4.6 所示。

图 5-4.6　PowerPoint 中编辑状态下的 Excel 表格

任务 5.4.3　在销售分析文档中插入销售分析演示文稿对象

将销售分析演示文稿以插入对象的方式插入销售分析文档中。

【效果展示】

Word 中插入 PPT 的效果如图 5-4.7 所示。

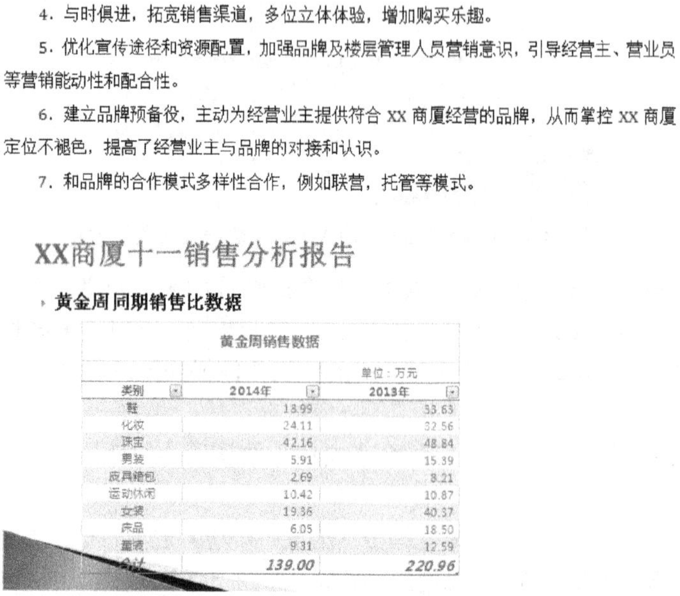

4. 与时俱进，拓宽销售渠道，多位立体体验，增加购买乐趣。

5. 优化宣传途径和资源配置，加强品牌及楼层管理人员营销意识，引导经营主、营业员等营销能动性和配合性。

6. 建立品牌预备役，主动为经营业主提供符合 XX 商厦经营的品牌，从而掌控 XX 商厦定位不褪色，提高了经营业主与品牌的对接和认识。

7. 和品牌的合作模式多样性合作，例如联营，托管等模式。

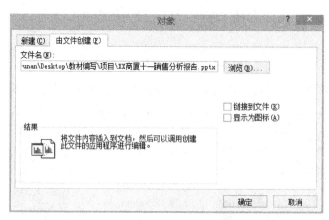

图 5-4.7　Word 中插入 PPT 的效果图

【图示步骤】

Step 1　在文档中插入演示文稿的操作与插入工作簿的方法类似。将光标置于文档中要插入演示文稿的位置，在"插入"选项卡的"文本"组中单击"对象"按钮。打开"对象"对话框，如图 5-4.8 所示。

图 5-4.8　"对象"对话框

Step 2　在"由文件创建"选项卡中，单击"浏览"按钮，定位并选中要插入的对象，单击"插入"按钮。

可以通过勾选"链接到文件"复选框，使插入的演示文稿与源演示文稿同步更新，若未勾选此项则插入的演示文稿以静态副本形式嵌入到文档中。

Step 3 单击"确定"按钮，完成演示文稿的插入，完成后效果如图 5-4.7 所示。

Step 4 在文档中双击插入的演示文稿对其进行播放。

项目小结

通过本项目的学习，我们熟练掌握了将 Word 文档发送到演示文稿、在演示文稿中插入工作表对象以及在 Word 2007 中插入演示文稿的方法。

项目实训

打开"模块五项目四实训.docx"文档，依次完成下列操作：

（1）将文档发送到演示文稿，以"不合格产品统计.pptx"为名命名演示文稿。

（2）在"不合格产品统计.pptx"演示文稿中插入"不合格产品工作表.xlsx"工作簿对象。

（3）保存演示文稿。

（4）将生成的演示文稿插入至文档的末尾，并重新保存该文档。

项目 5.5　将销售分析报告和销售数据表发布为 Web 页

【技能目标】

通过本项目的学习，学生应熟练掌握将 Word 文档和 Excel 数据图表发布为网页的方法。

任务 5.5.1　将销售分析报告文档发布为网页

将完成编辑的销售分析报告 Word 文档另存为网页格式，并修改其在浏览器标题栏中的页标题内容。

【效果展示】

销售分析报告文档发布为网页的效果如图 5-5.1 所示。

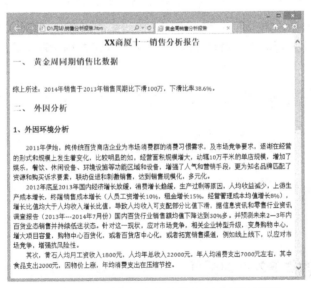

图 5-5.1　销售分析报告文档发布为网页的效果图

【图示步骤】

Step 1 在 Word 2007 中打开"销售分析报告"文档，单击 Office 按钮，选择"另存为"下的"其他格式"命令，打开"另存为"对话框，如图 5-5.2 所示。

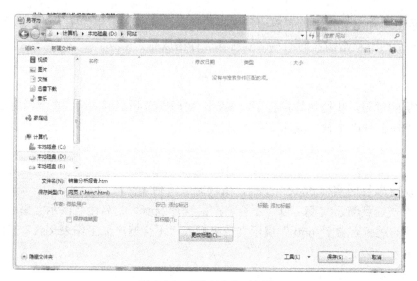

图 5-5.2 "另存为"对话框

Step 2 在"另存为"对话框"保存类型"下拉列表中选中"网页",并设置文件名称及保存位置。

Step 3 单击"另存为"对话框中的"更改标题"按钮,在"页标题"对话框中输入"黄金周销售分析报告"并单击"确定"按钮。

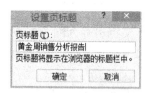

图 5-5.3 "设置页标题"对话框

Step 4 单击"另存为"对话框中的"保存"按钮完成保存。保存后的效果如图 5-5.4 所示。

Step 5 在文件保存位置双击"销售分析报告.htm"即可在浏览器中访问网页,效果如图 5-5.1 所示。

图 5-5.4 保存为网页后的文件效果图

任务 5.5.2 将销售数据表发布为网页

将编辑销售数据表另存为网页格式,修改其在浏览器标题栏中的页标题内容并发布。

【效果展示】

将 Excel 数据表发布为网页的效果如图 5-5.5 所示。

图 5-5.5　将 Excel 数据表发布为网页的效果图

【图示步骤】

Step 1　在 Excel 2007 中打开要发布的数据表，单击 Office 按钮，选择"另存为"下的"其他格式"选项。在"另存为"对话框中"保存类型"下拉列表中选中"网页"，并设置文件名称及保存位置。如图 5-5.6 所示。

Step 2　单击"发布"按钮，打开"发布为网页"对话框。选择 Excel 数据表中要发布的内容，输入发布文件名后，单击"发布"按钮，如图 5-5.7 所示。

Step 3　单击"更改"按钮，打开"设置标题"对话框，修改页面标题，如图 5-5.8 所示。

> **提示**
>
> 此处与在 Word 2007 中发布 Web 不同的是：该标题的设置将会同时出现在浏览器页面标题位置和要发布的 Excel 数据内容的上方。

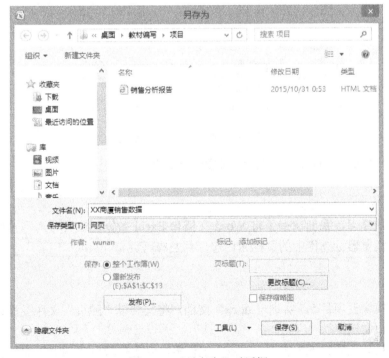

图 5-5.6　"另存为"对话框

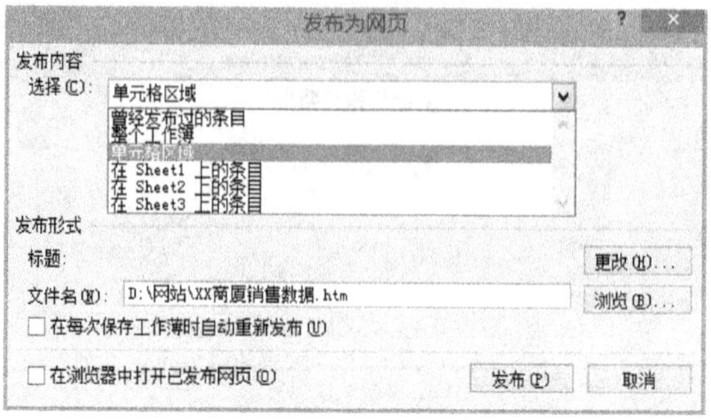

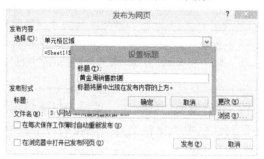

图 5-5.7 "发布为网页"对话框

图 5-5.8 "设置标题"对话框

Step 4 勾选"在每次保存工作簿时自动重新发布"复选框,可以在保存该工作簿时自动更新已发布的 Web 页。勾选"在浏览器中打开已发布网页"复选框,可以在完成发布后立即在浏览器中查看发布的内容,如图 5-5.9 所示。

图 5-5.9 "发布为网页"对话框

Step 5 单击"发布"按钮完成发布,如图 5-5.5 所示。

项目小结

通过本项目的学习,我们掌握了将 Word 文档和 Excel 数据图表发布为网页的方法,并学会了如何修改其在浏览器标题栏中的页标题内容,并发布网页。

项目实训

(1)打开"模块五项目 5.5 实训一.docx"文档,将文档以"网页"文件类型进行另存,并更改页面标题为"散文选摘"。

(2)打开"模块五项目 5.5 实训二.xlsx"工作簿,将工作簿以"网页"文件类型进行另存,并更改页面标题为"年销售量统计"。

反侵权盗版声明

电子工业出版社依法对本作品享有专有出版权。任何未经权利人书面许可，复制、销售或通过信息网络传播本作品的行为，歪曲、篡改、剽窃本作品的行为，均违反《中华人民共和国著作权法》，其行为人应承担相应的民事责任和行政责任，构成犯罪的，将被依法追究刑事责任。

为了维护市场秩序，保护权利人的合法权益，我社将依法查处和打击侵权盗版的单位和个人。欢迎社会各界人士积极举报侵权盗版行为，本社将奖励举报有功人员，并保证举报人的信息不被泄露。

举报电话：（010）88254396；（010）88258888

传　　真：（010）88254397

E-mail：　dbqq@phei.com.cn

通信地址：北京市海淀区万寿路 173 信箱

　　　　　电子工业出版社总编办公室

邮　　编：100036